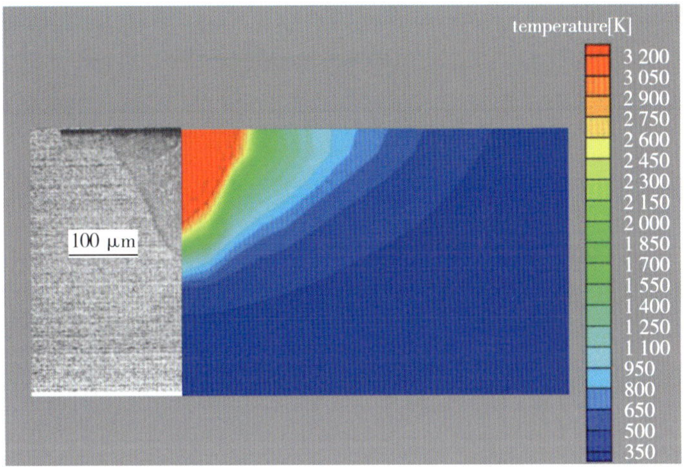

图4-11　试验结果与计算结果焊缝对比

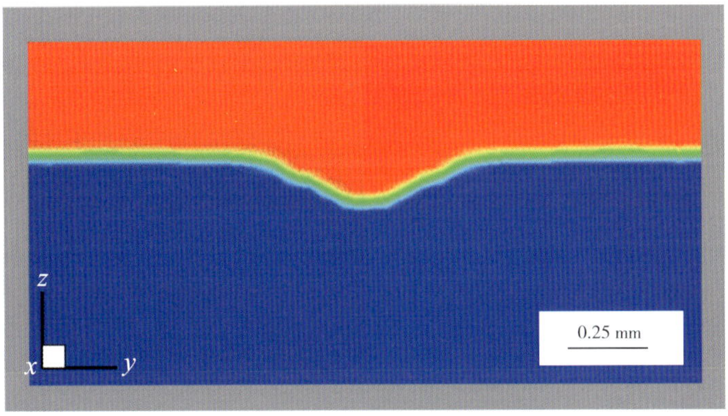

（a）激光热导焊熔池

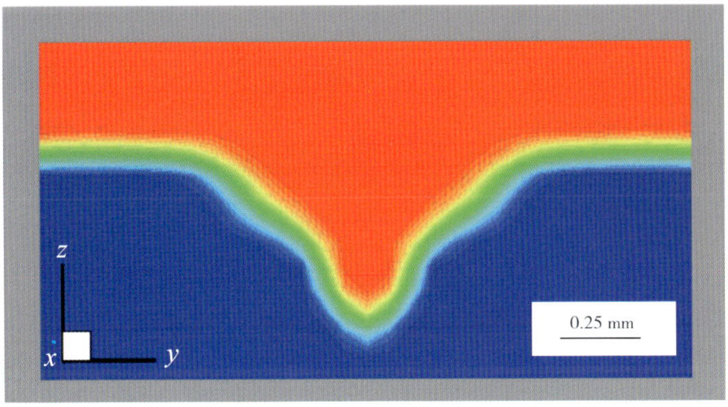

（b）激光深熔焊熔池

图4-13　激光热导焊与激光深熔焊熔池比较

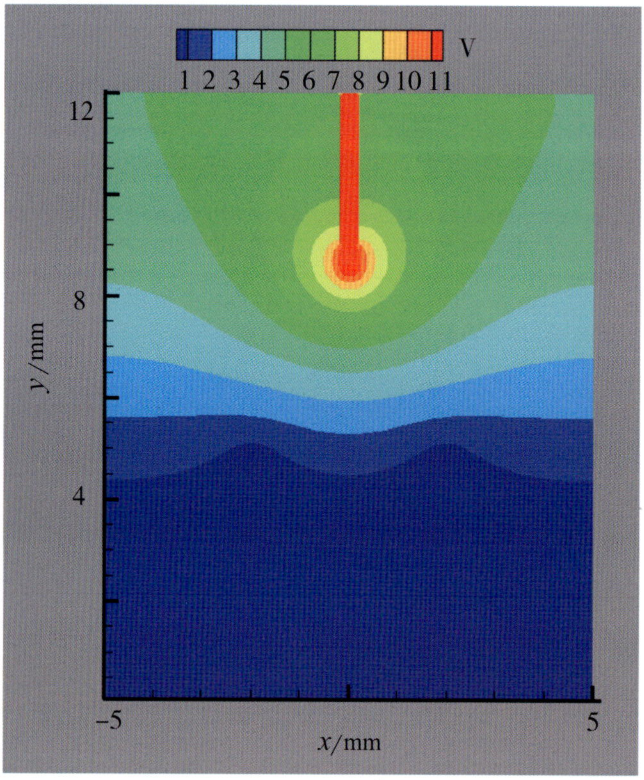

图5-7　复合焊接时电势分布

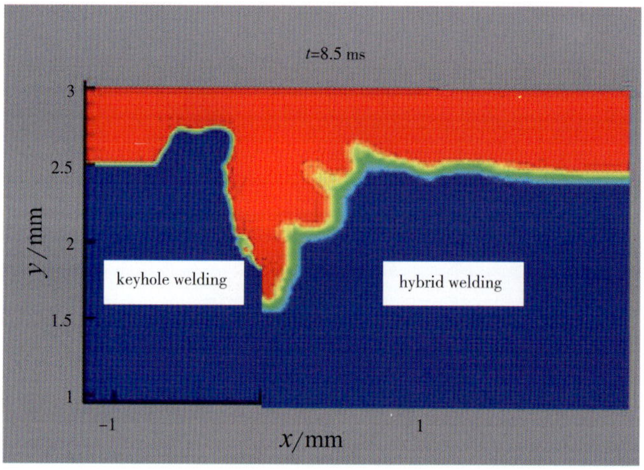

图5-9　激光-MIG复合焊与激光深熔焊熔池对比

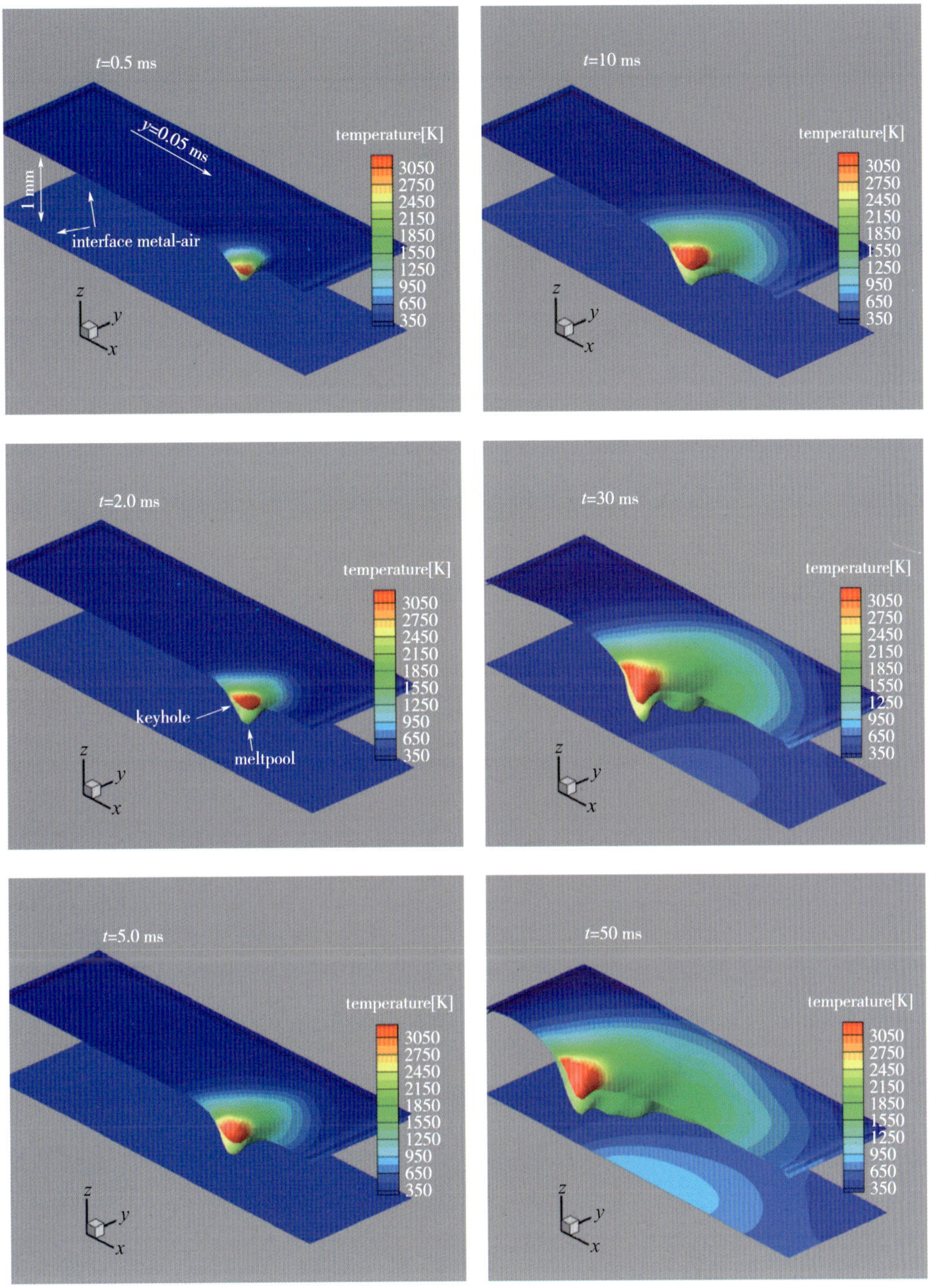

图4-2 连续激光深熔焊接过程（焊接速度0.05 m/s）

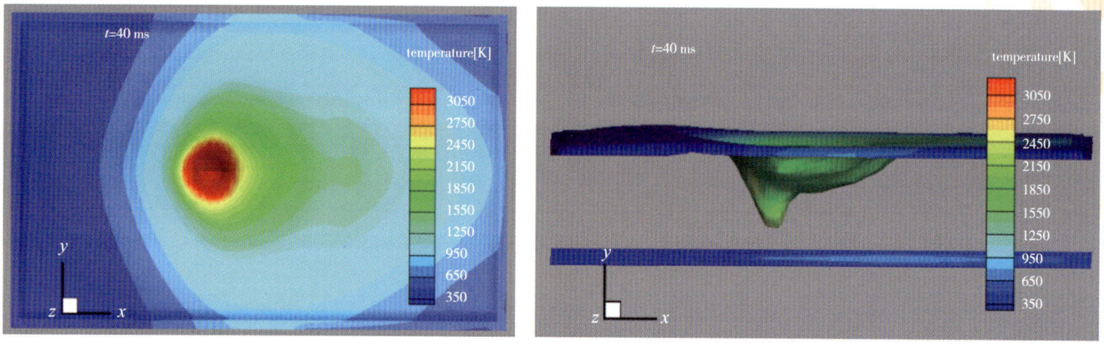

（a）俯视图（t=40 ms）　　（b）正视图（t=40 ms）

图4-3　连续激光深熔焊接熔池轮廓

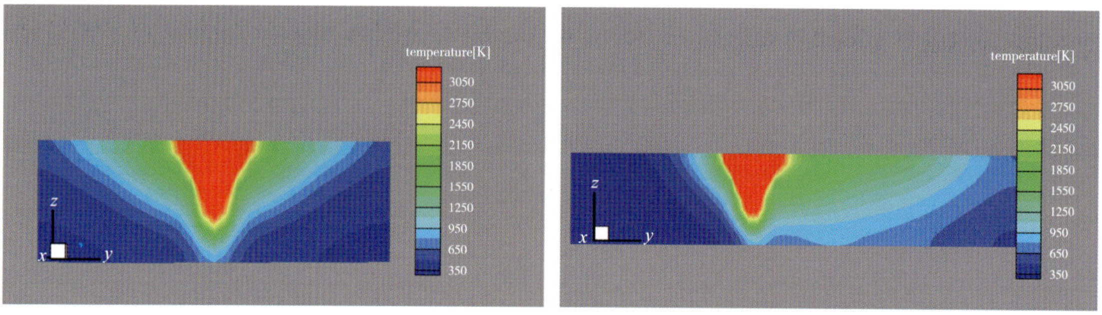

（a）横切面温度分布（t=40 ms）　　（b）对称面温度分布（t=40 ms）

图4-4　温度场分布

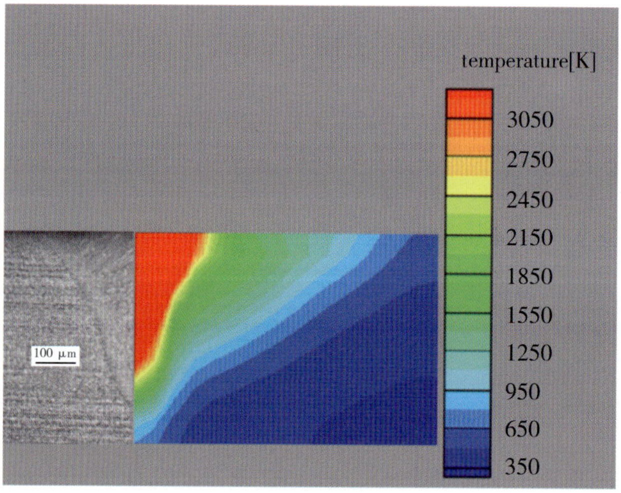

图4-6　试验结果与计算结果焊缝对比

激光深熔焊接过程传输现象的数值模拟

汪任凭◎著

中国铁道出版社有限公司
CHINA RAILWAY PUBLISHING HOUSE CO., LTD.

内 容 简 介

本书以激光深熔焊接技术为核心,系统探讨其传输现象的数值模拟方法及实际应用。写作源于激光焊接技术的发展需求及现有研究中热源模型简化、多物理场耦合不足等问题,旨在通过高精度数值模拟优化工艺参数,提升焊接质量与效率。通过融合计算流体力学(CFD)、多相流理论、热力学与材料科学,本书构建了涵盖脉冲激光焊、连续激光焊及激光-MIG复合焊的通用数值模拟框架,力求突破传统模型的局限性,为学术界与工业界提供一套科学、实用的分析工具。

本书特色在于创新性提出光束跟踪热源模型,融合多相流VOF法与焓-孔隙率法,实现了匙孔动态演化与多物理场耦合的高精度模拟;同时结合激光-MIG复合焊接的电-热-流多场协同机制,为复杂焊接工艺提供理论支撑。书中兼顾理论深度与工程实用性,通过数值模拟与实验对比,为激光焊接工艺优化及缺陷控制提供科学参考,具有较高的学术价值与应用潜力。

本书可作为高等学校材料科学与工程、焊接技术与工程、材料成型及控制工程等专业研究生的参考书或教材,也可作为从事激光加工、材料连接、数值仿真、焊接工程等领域的研究人员、工程师,以及汽车、航空航天、造船等行业的技术人员的参考书。

图书在版编目(CIP)数据

激光深熔焊接过程传输现象的数值模拟 / 汪任凭著.
北京 : 中国铁道出版社有限公司, 2025. 6. -- ISBN
978-7-113-32295-3

Ⅰ. TG456. 7

中国国家版本馆 CIP 数据核字第 2025WL9657 号

书　　名: 激光深熔焊接过程传输现象的数值模拟
作　　者: 汪任凭

策　　划: 何红艳　　　　**编辑部电话:** (010) 63560043
责任编辑: 何红艳　贾淑媛
封面设计: 刘　颖
责任校对: 苗　丹
责任印制: 赵星辰

出版发行: 中国铁道出版社有限公司 (100054, 北京市西城区右安门西街8号)
网　　址: https://www.tdpress.com/51eds
印　　刷: 北京铭成印刷有限公司
版　　次: 2025年6月第1版　2025年6月第1次印刷
开　　本: 787 mm×1 092 mm　1/16　**印张:** 6　**插页:** 4　**字数:** 141千
书　　号: ISBN 978-7-113-32295-3
定　　价: 45.00元

前　言

激光焊接技术自20世纪60年代诞生以来,凭借其高能量密度、高精度、低热影响区等显著优势,迅速成为现代制造业中不可或缺的先进加工工艺。从汽车工业到航空航天,从电子封装到船舶制造,激光焊接的应用场景不断拓展,技术需求日益复杂。然而,激光深熔焊接过程中涉及的多物理场耦合现象(如匙孔动态行为、熔池流动、等离子体与材料的相互作用等)始终是制约其工艺优化与工业化推广的核心难题。传统实验研究受限于高昂的成本与复杂的观测条件,难以深入揭示其内在机理。在此背景下,数值模拟技术凭借其高效性、灵活性和预测能力,成为解析激光深熔焊接传输现象的重要工具。本书立足于这一技术前沿,以系统性建模与流体力学数值模拟仿真为核心,旨在为激光深熔焊接的机理研究、工艺优化与工程应用提供理论支撑与技术指导。

激光深熔焊接的物理过程极为复杂,涉及光、热、力、流体等多学科的深度耦合。尽管国内外学者在热源模型、匙孔稳定性、熔池动力学等领域取得了诸多成果,但现有研究仍存在显著不足:其一,多数模型简化了匙孔的三维动态特性,难以真实反映激光与材料的相互作用机制;其二,对等离子体逆韧致吸收、多重反射效应等关键能量传输过程的描述仍显粗放;其三,气、液、固三相统一的数学模型尚未完善,导致熔池流动与相变行为的模拟精度受限。这些瓶颈问题直接影响了焊接质量预测与工艺参数优化的可靠性。

本书的撰写基于著者多年在激光焊接领域的理论研究与积累,结合著者攻读北京工业大学博士学位期间的研究成果,依托大量实验数据,系统梳理了激光深熔焊接的物理过程与数学模型构建方法。通过融合计算流体力学(CFD)、多相流理论、热力学与材料科学,本书构建了涵盖脉冲激光焊、连续激光焊及激光-MIG复合焊的通用数值模拟框架,力求突破传统模型的局限性,为学术界与工业界提供一套科学、实用的分析工具。

本书以“理论建模—算法开发—实验验证”为主线,内容兼具深度与广度,主要特点如下:

1. 多学科深度交叉融合

突破单一焊接学科视角,融合光学、流体力学、热力学与电磁学,构建跨尺度多物理场耦合分析框架。系统性解析激光焊接中匙孔动态行为、熔池流动等多物理场耦合现象,为复杂工艺提供理论支撑。

2. 高精度动态建模创新

创新性提出“光束跟踪热源模型”:通过射线追踪法模拟激光在匙孔内的多重反射和能

量吸收,显著提升能量分布模拟精度。融合 VOF 法与焓-孔隙率法:实现气-液-固三相统一控制方程,精确追踪自由表面演化并计算相变潜热。采用 FLUENT 二次开发:通过自定义源项、边界条件与物性函数,实现复杂传输现象的高保真模拟。突破传统模型的简化局限,动态还原匙孔形成、熔滴过渡等瞬态过程。

3. 实证导向的模拟验证

数值模拟与实验严格对标:以 304 不锈钢、低碳钢为对象,结合 CO_2 激光器、光纤激光器等工业参数,通过试验验证模型可靠性。结合 TECPLOT 后处理工具,将温度场、流场等抽象数据转化为直观图像,增强结果可解释性。为焊接缺陷控制(如气孔抑制)和工艺参数优化提供科学参考,凸显工程实用性。

本书的撰写旨在为激光深熔焊接的理论研究与工程应用搭建桥梁,通过数值模拟揭示其物理本质,并为工艺优化提供量化依据。随着智能制造的快速发展,激光焊接技术将面临更高效率、更复杂工况的挑战。未来,著者团队将继续深化多物理场耦合模型的研究,探索人工智能与数值模拟的融合路径,推动激光焊接从"经验驱动"向"数据驱动"的范式转变。

本书可作为高等学校材料科学与工程、焊接技术与工程、材料成型及控制工程等专业研究生的参考书或教材,也可作为从事激光加工、材料连接、数值仿真、焊接工程等领域的研究人员、工程师,以及汽车、航空航天、造船等行业的技术人员的参考书,助力中国高端装备制造技术的创新与突破。

本书出版得到了山西科技学院科研启动经费项目(2024019)资助,并在撰写过程中参考了国内外的论著、应用成果和先进的研究技术,在此深表谢意。

由于著者水平有限,书中的疏漏及不妥之处在所难免,敬请广大读者批评指正。

汪任凭

2024 年 12 月

目　录

第 1 章

绪　论

激光焊接技术作为先进制造领域的重要组成部分,其发展历程与应用前景始终与工业生产的精密化、高效化需求紧密相连。随着现代工业对材料加工精度、效率及可靠性的要求日益提升,激光焊接凭借其能量密度高、热影响区小、非接触加工等显著优势,已成为汽车制造、航空航天、电子封装等高端领域的核心技术之一。然而,该技术的广泛应用依赖于对其物理机制和工艺参数的深入理解,尤其是在深熔焊接过程中,匙孔效应、熔池动力学及能量传输现象的动态耦合关系仍存在诸多未解之谜。为此,本章将从激光焊接技术的历史演进出发,系统梳理其核心物理过程与研究现状,阐明此项研究的必要性,为后续探讨激光深熔焊接的传输现象与数值模拟奠定基础。

1.1　研究背景

1.1.1　激光焊接技术发展历程

自从 20 世纪 60 年代美国采用红宝石激光器在钻石上打孔以来,包括激光焊接在内的激光加工技术开始在工业生产领域获得应用。到 20 世纪 80 年代,随着大功率连续 CO_2 激光器焊接试验的成功,激光焊接的研究与应用情况发生了变化。在大厚度不锈钢试件上进行 CO_2 激光焊接,形成了穿透焊缝,激光深熔焊接产生的深熔焊缝与电子束焊接相似,从而有力地证明了匙孔的存在[1]。利用大功率激光器进行金属焊接的早期工作证明了连续激光深熔焊接的巨大潜能。日本、德国、英国和苏联等国的研究小组也相继报道了高功率 CO_2 激光焊接技术的发展及其优化。随后,YAG 激光器在焊接方面的作用越来越大。YAG 激光器特别适合焊接不允许热变形和焊接污染的微型器件,如锂电池、心脏起搏器、密封继电器等。20 世纪 80 年代出现的半导体激光器,其体积大大缩小,可靠性大大提高,半导体激光器可直接潜载于机器人上进行焊接加工,也可用光纤传送焊接,电-光转换效率达到了 40%以上,但是它的单体功率较小,并且有一个严重的缺点,就是光束质量不好。到 20 世纪 90 年代,又一类新型激光器诞生,它是用半导体激光器来作传统激光器的泵浦源,提高了传统激光器的总体效率,输出功率与光束质量也都不错,但也有一个致命的缺点,就是泵浦源的寿命短,只有 5 000~10 000 h。由于泵浦源的价格占了整个激光器的一半,如果泵浦源坏了,激光器就得报废,另外,它也是分立元件,因此其可靠性也不够好。进入 21 世纪,德国人率先发明了实用化的光纤激光器。光纤激光器将多个半导体激光器的光导入了光纤,在光纤中再次振荡增益,形成了新的激光。这种激光光束质量好,电-光转换效率高,而且由于可以集成放大,光纤激光器的功率可以做得很大,所有的半导体器件及光纤组件都可以焊接成一体,避免了元件的分立,可靠性得到极大提高。光纤激光器还有一个更大的优点就是其使用寿命极长,可以达到 5 万~50 万 h。最近,美国 IPG 公司已经做出了 100 kW 的光纤激光器和 17 kW 的工业用光纤激光器。

我国在激光焊接技术领域的研发与应用起步稍晚,但发展迅速。20 世纪 80 年代,国内开始探索 CO_2 激光焊接技术,华中科技大学、清华大学等高校率先开展基础研究。20 世纪 90 年代,随着 YAG 激光器的引进与国产化,我国在精密焊接领域取得突破,逐步应用于电子元器件和医疗器械制造。进入 21 世纪,国产光纤激光器技术迎来高速发展。2007 年,武汉锐科光纤激光技术公司成功研制首台国产 10 W 脉冲光纤激光器,打破了国外垄断。此后,大族激光、华工科技等企业持续突破高功率技术,2020 年,锐科推出 20 kW 光纤激光器,跻身国际前列。目前,国产激光设备已广泛应用于新能源汽车电池焊接、航天器精密构件加工等领域,如比亚迪采用国产激光焊接系统实现动力电池模组高效封装。政府通过“863 计划”等专项持续推动技术攻关,中国现已成为全球激光焊接设备主要生产国之一,市场份额占比超过 30%。2020 年后,激光焊接技术进入快速发展期,以高功率激光器与复合焊接技术的突破为起点,推动了多领域应用的革新。2020 年至 2023 年间,高功率光纤激光器功率提升至万瓦级,成为工业主流,同时激光-电弧复合焊接技术通过结合激光高能量密度与电弧的适应性,大幅提升厚板焊接效率,尤其在新能源汽车领域,特斯拉等企业率先实现电池盒的高密封性焊接,解决了电池制造的关键难题。随后,智能化与自动化技术加速融合,2023 年至 2024 年,工业 4.0 推动激光焊接设备集成 AI 与物联网技术,通过传感器实时监测焊缝质量并动态调整参数,将缺陷率降低 30%;中国比亚迪等车企通过全自动化激光焊接产线,显著提升车身焊接精度与生产效率。与此同时,材料适应性成为技术攻关重点,2024 年至 2025 年,针对铝合金、钛合金等高难度材料,脉冲激光焊接与填充焊丝技术有效解决了热裂纹问题,并进一步拓展至碳纤维复合材料和陶瓷-金属异质连接领域,为航空航天轻量化制造提供支持。到 2025 年,绿色制造趋势推动万瓦级激光器普及,焊接能耗降低 15%,同时应用场景向医疗、能源等高端领域延伸,例如激光焊接的心脏支架达到生物相容性国际标准,风力发电机叶片焊接后寿命延长 30%。未来,多光束协同焊接、超快激光技术(如飞秒激光)的试验将瞄准微米级精密制造(如芯片封装),而大数据平台对焊接工艺的标准化整合,则有望在 2026 年推动全球市场规模突破 80 亿美元。总体而言,激光焊接技术通过功率升级、智能控制、材料创新与绿色转型,实现了从传统制造到精密高端的跨越,成为推动全球制造业向高效、环保、智能化转型的核心动力之一。

激光焊接技术的发展伴随着激光器的进步,历经由脉冲波形向连续波形的发展,由小功率薄板焊接向大功率厚件焊接发展,由单工作台单工件加工向多工作台多工件同时焊接发展,以及由简单焊缝形状向可控制的复杂焊缝形状发展,受激物质也包含了多种气体和固体晶体。

1.1.2 激光深熔焊接物理过程

激光焊接过程极其复杂,激光束辐照材料表面时,在不同的功率密度下,材料表面区域将发生各种不同的变化。这些变化包括表面温度升高、熔化、气化、形成匙孔以及产生光致等离子体等。随功率密度与作用时间的增加，金属材料将会发生以下四种物态[2]变化，如图 1-1 所示。

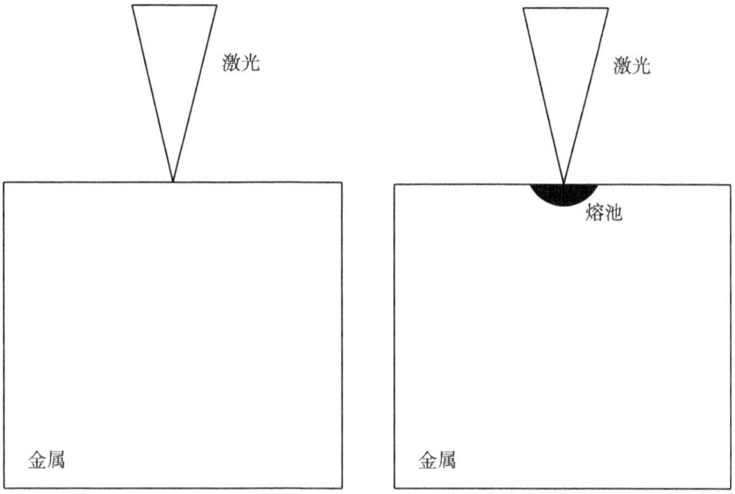

（a）固态加热　（b）热导焊

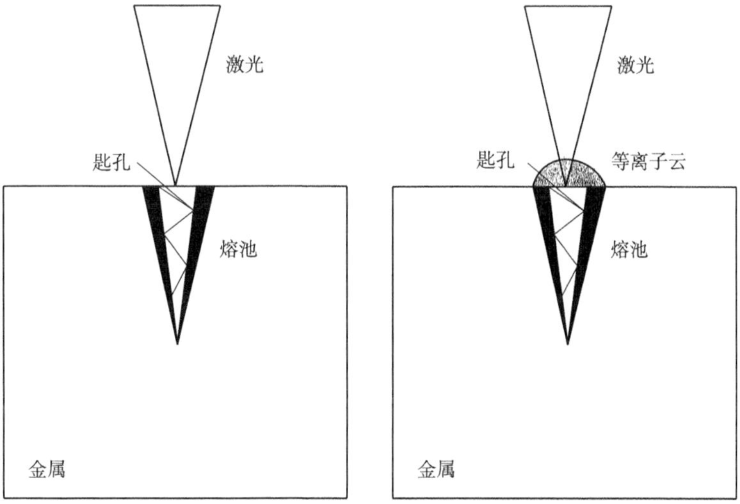

（c）深熔焊接　（d）匙孔喷发气流深熔焊

图 1-1　激光辐照金属材料时的四个主要物理过程

激光功率密度较低（$<10^4$ W/cm^2）、辐照时间较短时，金属吸收的激光能量只能引起材料由表及里温度升高，但维持固相不变，主要用于零件退火和相变硬化处理。

随着激光功率密度的提高（$10^4 \sim 10^6$ W/cm^2）和辐射时间的加长，材料表面逐渐熔化，随输入能量增加，液-固界面逐渐向材料深部移动。这种物理过程主要用于金属的表面重熔、合金化、熔覆、热导焊接。

进一步提高功率密度（$>10^6$ W/cm^2）和加长作用时间，材料表面不仅熔化，而且气化，气化物聚集在材料表面附近并微弱电离，形成等离子体，这种稀薄等离子体有助于材料对激光的吸收。在气化膨胀压力下，液态表面变形，形成凹坑。这一阶段可以用于激光焊接。

再进一步提高功率密度（$>10^7$ W/cm^2）和加长辐照时间，材料表面强烈气化，形成较高电离度的等离子体,这种致密的等离子体可逆着光束入射方向传输,对激光有屏蔽作用,大大降低激光入射到材料内部的能量密度。在较大的反冲压力下,熔化的金属内部形成匙孔,匙孔的存在有利于材料对激光的吸收。这一阶段可用于激光深熔焊接、切割和打孔、冲击硬化等。

激光深熔焊接,其本质特征是在焊接时存在匙孔效应。匙孔效应发生在材料熔化和气化的临界点,气态金属产生的蒸气压力很大,足以克服液态金属的表面张力,并把熔融的金属吹向四周,形成匙孔。随着金属蒸气的逸出,在工件上方及匙孔内部形成等离子体。由于激光在匙孔内的多重反射,匙孔几乎可以吸收全部的激光能量,再经内壁以热传导的方式通过熔融金属传到周围固态金属中去。当工件相对于激光束移动时,液态金属在匙孔后方流动、逐渐凝固,形成焊缝,如图 1-2 所示。

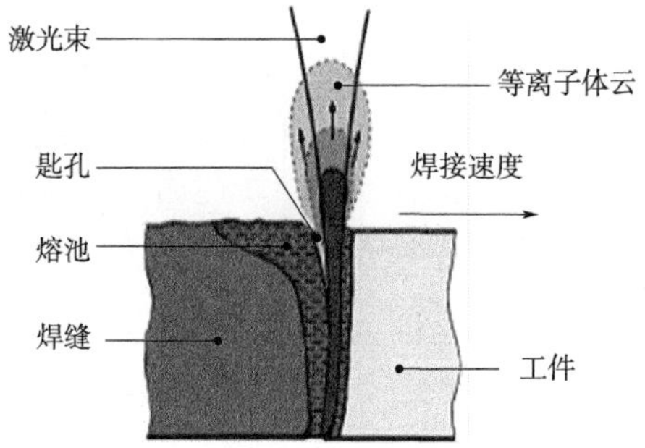

图 1-2　连续激光深熔焊接示意图

1.1.3　激光焊接技术应用现状

和传统的焊接方法相比,激光焊接具有能量密度高、焊接速度快、焊接热输入小的特点,是一种高质量、高精度、低变形、高效率、高速度的焊接方法,因而被广泛应用到了汽车、钢铁、造船、电子、航空航天、冶金、机械制造等要求高精度和高质量的工业领域。

在汽车行业中,国内外各大汽车公司如比亚迪、吉利、通用、福特、奔驰、丰田、大众、宝马、菲亚特等,已全部拥有自己的激光焊接生产线,且激光加工机数量以每年 20% 的速度增长,主要应用于车身钢板焊接、齿轮及传动部件焊接、非金属及对电磁性有要求的汽车零件的焊接。意大利菲亚特在大多数钢板组件的焊接装配中采用了激光焊接[3]。日本的日产、本田和丰田汽车公司在制造车身覆盖件中都使用了激光焊接和切割工艺。德国不莱梅应用光束技术研究所在使用激光焊接铝合金车身骨架方面进行了大量的研究,开发的生产线已在奔驰公司的工厂投入生产。2005 年 4 月,大众公司成功完成了激光焊接技术在帕萨特桥车的大批量生产过程中的应用试验,将激光和聚焦扫描技术结合在一起,与传统的电阻焊相比,焊接每个焊点的生产成本节省了 30% ~50% ,带有聚焦扫描技术的激光焊接工艺是一项属于未来车架制造的工艺技术。

近年来,国内企业在激光焊接生产线领域加速布局,应用范围持续扩展。在汽车行业,比亚迪自 2018 年起大规模引入国产激光焊接设备,用于新能源汽车动力电池模组的高效封装,焊接速度提升 40% ,良品率达 99. 5% ,显著降低生产成本。吉利汽车在 2021 年建成全自动激光焊接产线,应用于车身结构件焊接,焊接强度提升 30% ,车身减重 15% ,助力其新能源车型轻量化。长城汽车则通过激光焊接技术实现铝合金车身的批量生产,攻克了传统焊接易变形难题,生产效率提高 25% 。2021 年后,激光焊接技术凭借高精度、高效率优势,在新能源汽车、智能制造、精密电子等关键领域实现深度应用。在新能源汽车领域，该技术成为动力电池制造的核心工艺，以特斯拉4680大圆柱电池为例，其全极耳设计推动单颗电芯激光焊接工序从5道增至7道，焊点数量提升5倍，宁德时代、比亚迪等企业通过高密封性激光焊接技术实现电池盒一体化封装，同时将铝合金车身焊接减重5%，显著提升整车安全性能。汽车轻量化趋势下，激光拼焊技术（TWB）在车身结构件中渗透率达40%，特斯拉Model 3、宝马i系列车型采用AI驱动的激光焊接系统，实时监测焊缝质量并动态调整参数，将热影响区缩小60%、缺陷率降低30%。与此同时，精密电子领域迎来技术突破，华为Mate系列手机通过激光焊接封装电池提升稳定性，台积电、三星则利用超快激光技术实现5 nm芯片的微米级焊接（精度达±10 μm），而手持激光焊接系统在3C产线快速普及，月出货量超200台，替代传统氩弧焊后人工成本降低40%。在航空航天领域，激光焊接攻克钛合金发动机叶片与碳纤维复合材料连接难题，焊接强度提升20%，波音737MAX机身减重10%，绿光（515 nm）和蓝光（450 nm）激光器突破高反射材料焊接瓶颈，铜材焊接能耗降低84%，铝-铜异种材料焊接气孔率降至1%以下。医疗与新能源领域同步拓展，激光焊接制造的心脏支架和人工关节达到生物相容性国际标准，太阳能电池板焊接效率提升25%，风力发电机叶片寿命延长30%。当前技术正向万瓦级高功率、AI智能优化及激光-电弧复合工艺演进，但设备成本（单套超50万元）和异种材料适应性仍是主要挑战。2024年全球市场规模突破150亿美元，中国占比超40%，成为驱动制造业智能化、轻量化升级的核心力量。

电子制造领域，华为与国内激光设备商合作，采用光纤激光焊接技术加工5G基站精密部件，焊接精度达微米级，保障了高频信号传输稳定性。此外，航天科技集团在卫星推进器制造中引入激光焊接产线，焊缝气密性达到航天级标准，成功应用于“天问一号”等重大工程。政策层面，中国制造将激光技术列为重点发展方向，推动大族激光、华工科技等企业突破万瓦级光纤激光器技术，国产设备市场份额已占全球35%以上，逐步实现进口替代。

随着粉末冶金材料的日益发展，它与其他零件的连接问题显得日益突出，使粉末冶金材料的应用受到限制。在20世纪80年代初期，激光焊接以其独特的优点进入粉末冶金材料加工领域，为粉末冶金材料的应用开辟了新的前景，如采用粉末冶金材料连接中常用的钎焊方法焊接金刚石，由于结合强度低、热影响区宽，特别是不能适应高温及强度要求高而引起钎料熔化脱落，采用激光焊接可以提高焊接强度以及耐高温性能[4]。

在电子工业中，激光焊接技术是一种高新技术，特别是微电子工业中得到了广泛的应用[5]。由于激光焊接热影响区小、加热集中迅速、热应力低，因而在集成电路和半导体器件壳体的封装中显示了其独特的优越性。随着科技的不断进步和发展以及电子设备不断的小型化、智能化，集成电路也朝着超大规模的方向不断发展，即电子元器件变得更微小，在电路板上的集成度更高，这就要求集成电路的加工工艺不断精密化，这也就加速了激光技术的研究和发展。随着半导体激光、准分子激光工艺不断成熟，激光技术在集成电路上的应用范围将不断扩大，必将取得良好的经济效益。

在造船业中，欧洲造船业投入了巨大的人力和财力来研发激光焊接并将其应用到造船生产实践中，以达到维持和重建欧洲船厂在全球高附加值船舶市场的优势地位[6]。为提高造船业在21世纪的竞争力，日本、韩国投入了巨资加快其造船生产集成制造系统的开发和应用，增加及改造流水线的自动化装备，增加了新的竞争优势。美国海军采用激光技术用于军舰制造，德国大量采用大功率激光用于潜艇结构件或零部件连接。激光焊接目前已广泛用于大型船舶的船板、型材、瓦楞夹层板、修复等[7]。

激光焊接由于精密、高可靠性，非常适合用于军工及航空航天行业，如航天电源连接器和传感器的焊接、航空发动机的焊接、飞机客体的焊接等。

此外，激光焊接还应用于生物组织、塑料、服装等的焊接。

1.2　传输现象数值模拟的研究现状

1.2.1　激光深熔焊接过程热源模型的研究现状

由于激光深熔焊接过程所产生的匙孔直径很小，最简单、最直观的处理热源的方法就是把它视为一个移动线热源。Jaeger[8]最早提出了移动热源理论。Rosenthal[9]针对薄板的传统焊接方法，最早建立了移动线热源的模型，并求出了其解析解。该模型成为了后续许多激光深熔焊接模型的基础。Andrews[10]利用这一模型计算出了不同 Peclet 数下的熔化等温线；Swift Hook & Gick[11]以及 Cline &Anthony[12]都建立了相应的移动线热源模型，不同的是前者假设线热源的强度均匀不变，后者则假设线热源的长度是有限的。上述几个移动线热源模型都没有考虑固/液相变的影响。后来，Peretz[13]在考虑固/液相变影响的前提下，建立了一个二维移动线热源模型。在上述移动线热源模型中，都假设匙孔为一直线，而且线热源的位置始终与激光光轴重合。这与激光深熔焊接的实际情况不符。在激光深熔焊接过程中，匙孔的中心线并不是一根与光轴重合的直线，匙孔的中心线在其移动方向的反方向上会发生弯曲。这一点已经被激光深熔焊接的试验研究所证实。

焊接过程中产生的等离子体本身就相当于一个高温热源，采用上述单一的移动线热源模型来描述激光深熔焊接时的能量传输特征是不符合多数激光深熔焊接实际情况的。为此，Steen[14]、Akhter[15]、刘建华[16]等人都建立了点-线组合移动热源模型。这些模型把等离子体对工件的加热作为一个点热源，而把激光束作为一个线热源来处理。模型通过改变点热源的强度和位置，计算得到了不同焊接条件下的焊缝截面形状。

不管是线热源模型还是点-线组合热源模型，都是把激光束看成在空间或空间某些方向上高度集中的热源来对待，这与激光束在空间的实际能量分布状况和小孔的实际形状有很大的差异。因此这些模型虽然能在一定程度上简化激光深熔焊接过程的分析计算，但这种处理方式是粗略近似的。如果按照线热源模型来计算，那么线热源处材料的温度将为无限大，显然这是违背物理上的真实性的。所以线热源模型只能用于描述远离线热源处的温度场，而不能用来计算线热源附邻区域的温度场。实际上，小孔是有一定尺度的，因此把小孔作为一个有一定尺度的体积面热源来处理更为合理些。通过对小孔情况作出种种特殊的假设，建立了多个激光深熔焊接模型。Noller[17]针对电子束焊接在假设小孔为圆柱体形且孔壁温度为气化温度的前提下，建立了一个移动圆柱体热源模型。该模型同样也适用于激光深熔焊接。Simon[18]等人则在假设小孔为圆柱体形且孔壁各处的热流密度相等（不假设孔壁的温度为气化温度）的前提下，建立一个移动圆柱体热源激光深熔焊接数学模型。Berger[19]把上述两个移动圆柱体热源模型与 Rosenthal[9]的移动线热源模型计算得到的温度场作了比较，结果发现：三个模型得到的计算结果在远离热源处并没有任何重大差异，但在邻近热源处，三者存在着显著差异。

Goldak[20,21]等提出了双椭球热源分布函数的体热源模型,吴甦[22]等针对高能束“钉头”形状焊缝,提出了高斯旋转体热源模型。杜汉斌[23]等建立了复合热源作用下的激光深熔焊接熔池流动的三维计算模型,该复合热源由表面高斯热源和沿激光入射方向的柱状热源两个部分组成。此外,Zhou[24-26]等人采用光束跟踪热源模型,Cho[27,28]等人采用体热源模型。

1.2.2 激光深熔焊接过程匙孔模型的研究现状

在激光深熔焊接过程中,匙孔的形成对激光与材料间的能量耦合机制影响很大。这一点已被激光深熔焊接的实际情况所证实。匙孔形成以后,激光直接入射到匙孔内部,并在匙孔孔壁上发生多次反射,每次反射都有部分激光能量被小孔孔壁所吸收,如此经过孔壁的多次反射吸收,使得工件材料对激光的吸收大大增强,这个过程叫菲涅耳(Fresnel)吸收。反过来,Fresnel吸收的过程又影响着匙孔孔壁上吸收激光的能量密度分布,从而影响匙孔的形状。匙孔形状的改变将最终有利于孔壁更好地吸收激光的能量。

为了系统研究深熔焊接小孔形状及孔壁对激光的多次反射吸收,国内外的许多学者建立大量的数学模型用以分析孔壁对激光能量吸收的机理和小孔的形成过程。

求解匙孔的形状,确定匙孔在光轴垂直截面内的直径以及孔壁的温度是关键。现有模型大多假设在工件表面处小孔的半径等于入射光斑的半径,孔壁温度则等于材料的气化温度。事实上,二者并没有如此简单的等式关系,小孔的直径是由具体的加工条件(如工件材料、激光功率、焦点位置、焊接速度等)决定的,孔壁温度则是与匙孔内的压力密切相关的。关于匙孔内的压力,Klemens[29]最早发现匙孔内的压力超出大气压一小部分,Dowden[30]等人则发现匙孔内的压力超过大气压的1/10,而Postacioglu[31]等人则认为这一压力差值只有大气压的5%。由此可见,由于匙孔内的压力不等于大气压力,孔壁的温度也就必然不等于材料的气化温度。但是,由于匙孔内的压力仅仅只超出大气压很小部分,相应的孔壁温度也只在气化温度附近微量变化。作为一种粗略处理的方式,可以将孔壁温度视为汽化温度。严格地说,小孔的半径和孔壁温度本身就应该是模型所要求解的内容。

Schuocker[32]在假设小孔为椭圆柱形,且进入匙孔的激光能量全部被工件材料所吸收的前提下,根据孔壁上的能量平衡(即孔壁吸收的激光能量与孔壁热传导损失的能量以及孔壁气化损失的能量相平衡)和压力平衡(气化压力与流体动压力相平衡),建立了一个自适应模型,用以计算匙孔的半径和孔壁的温度。Kroos[33]等人则在假设匙孔与光束同轴的圆柱体的前提下,针对高斯光束,根据孔壁上的能量平衡(即孔壁吸收的激光能量与孔壁热传导损失的能量以及孔壁气化损失的能量相平衡)和压力平衡(气化压力与表面张力和流体动压力相平衡),建立了另一个自适应模型,用来计算小孔的半径、平衡压力和平均孔壁温度。计算结果表明:为了维持小孔稳定,工件单位深度所吸收的激光功率必须高于某一个阈值,在这个阈值附近,小孔的半径为光斑半径的1.7倍,而孔壁温度则超出材料气化温度50~100 K。Metzbower[34,35]根据某种材料产生匙孔所需要的临界功率密度和材料中某种化学元素气化所引起的功率损失间的能量平衡,计算了匙孔的尺寸和温度。结果表明:匙孔内的金属蒸气温度大于材料的气化温度,匙孔的尺寸随激光功率密度的升高而增大。

Kaplan[36]基于能量平衡计算了激光深熔焊接的匙孔形状。该模型首先根据Rosenthal[9]的移动线热源模型所得到的温度场的解析解推导出了匙孔孔壁上各点的热流密度计算公式,然后综合考虑了匙孔内等离子体的逆韧致辐射吸收和孔壁的多次反射吸收,建立了孔壁各点的能量平衡方程，再通过逐点求解能量平衡方程来计算激光深熔焊接的匙孔形状。与移动线热源模型不同，该模型并不假设线热源为一与光轴重合的直线，而是通过逐层求解能量平衡方程的方式来计算确定不同小孔深度处线热源相对于激光束轴线的位置。

后来，Solana[37]则通过求解能量平衡方程和压力平衡方程，建立了小孔和熔池的三维自适应模型。该模型将深熔焊接时小孔的气液表面视为未知自由边界，考虑了热量传递、烧蚀损失、匙孔表面的气化效应以及孔内 Fresnel 吸收和等离子体的逆韧致辐射吸收。在给定诸如激光功率、光束模式和聚焦光斑半径等激光参数的情况下，模型求解出了焊接温度场、小孔孔内的电子密度、电离度以及等离子体对激光的吸收系数。可以发现，低速时，Fresnel 吸收和等离子体逆韧致辐射吸收在材料与激光能量的耦合中同等重要；而高速时，Fresnel 吸收的贡献则显得更为突出。

匙孔形成以后，在匙孔内部存在着复杂的压力平衡。正是由于这种压力平衡维持着激光深熔焊接过程中小孔的稳定。关于匙孔内的压力平衡，现有文献认为，在激光深熔焊接匙孔内部，主要存在以下几种压力：材料的气化压力（或称烧蚀压力）、由重力引起的流体静压力、表面张力以及由熔融材料流动所产生的流体动压力。在这些压力中，毫无疑问，流体静压力和表面张力都力图使小孔闭合。那么究竟是何种力在维持小孔张开呢？对这个问题，目前存在着两种截然不同的观点。第一种观点认为，只有气化压力在维持小孔张开，流体动压力与流体静压力、表面张力一样，都力图使小孔关闭。目前大多数文献和模型都支持这种观点。通过对各种文献的比较可以发现，在对小孔内压力平衡的处理上，各文献之间最大的分歧在于流体动压力的处理上。流体动压力的大小取决于加工速度（即 Peclet 数）。当 Peclet 数较小时，由于其值远小于表面张力所产生的压力，故可忽略；但当加工速度较高时，其值与表面张力引起的压力相当甚至超过后者，此时流体动压力不能忽略不计。第二种观点认为是气化压力和流体动压力共同在维持小孔张开。为了研究流体动压力和小孔形成之间的关系，Dowden[38]等人建立了一个数学模型。该模型通过分析计算认为：在薄板激光焊接中，毫无疑问是气化压力在维持小孔张开；而在厚板的激光深熔焊接中，气化压力在维持小孔张开中的作用仅仅只局限于小孔的两头部位，而在小孔的中间部位，几乎完全是由材料蒸气的流动所产生的流体动压力在维持小孔张开。在 Dowden[38]等人之前，Berger[19]就认为：由于流体动压力沿匙孔表面从前沿至后沿的变化，它部分趋于关闭小孔，部分又趋于维持匙孔张开。可见，究竟是何种力在维持匙孔张开，要根据具体的加工条件来确定。

基于孔壁的压力平衡，Amara[39,40]、Szymanski[41]等人采用射线追踪的方法计算了激光束照射到匙孔并在孔壁多次反射时吸收的激光能量。然后，通过计算匙孔孔壁局部吸收的激光功率密度推算出该处 Knudsen 层表面温度和气化速度，最后采用有限单元法求解了二维 Navier-Stokes 方程。研究结果表明，相对于烧蚀压力而言，孔内的气流压力对保持焊接小孔的稳定更为重要。这一点对于基于小孔孔内的压力平衡采用自适应的方法计算小孔的形状极为重要。

Fabbro & Chouf[42-43]从气化动力学的角度研究了匙孔形成的基本理论，以及小孔形状与焊接速度、激光功率密度和焊接材料之间的关系。假设钻孔速度 v_d 与孔壁吸收的激光功率密度 I_{abs} 成正比，如式(1-1)所示：

$$v_d = kI_{abs} = kI_0A_0(\cos\beta)^{q+1} \tag{1-1}$$

式中，A_0，q 是与材料有关的常数；I_0 为入射激光功率密度；β 为入射角；k 为常数。

考虑孔壁的多次反射吸收，Fabbro 采用射线追踪的方法，计算得到了焊接速度入射面内小孔的形状。计算结果显示，小孔前沿轮廓较稳定，且向焊接速度相反的方向倾斜；小孔后沿孔壁由于所受激光辐照不够而存在着波动，且这种波动通过对激光的反射间接影响小孔前沿的稳定性。

Ki 和 Mohanty 等[44,45]使用自动跟踪熔池金属与蒸发反冲压力作用的气体之间界面的水平设置方法，建立了激光深熔焊过程模拟的三维数学模型，考虑了重要的界面现象，如自由表面在气流反冲作用下的不断推进演变、液态金属蒸发、动态的 Kudsen 层、均匀的蒸发、入射到小孔内的激光束流多次反射都融入了模型之中。

1.2.3 激光深熔焊接过程熔池动力学的研究现状

关于激光深熔焊接熔池内液态金属的对流流动，国外作了广泛的研究[46-57]。对此，Mazumder[58,59]和 Berger[60]都作过综述，其中前者是针对一般激光材料加工而言的，后者则把重点放在激光深熔焊接上。Klemens[29]在假设小孔为圆柱形的前提下，根据孔内的压力平衡和能量平衡，半定量地分析研究了高能束（电子束、激光束）焊接时的能量和材料流动条件。研究结果表明：在高能束焊接过程中，材料主要是以液态的形式绕小孔周围从熔池前部流向后部，只有极少部分材料穿越小孔孔壁气化成金属蒸气，以提供维持小孔张开所需要的气化压力。由于气化部分的材料所占的比重很小，金属蒸气的流动在能量平衡中的作用很小，所以在高能束焊接中，常可忽略材料气化的影响。Dowden[30]等人针对小的 Peclet 数（即相应于低的激光焊接速度）的情况，在假设小孔和熔池均为圆柱形的前提下，建立了一个二维稳态熔池流动模型。模型在对流体的黏性作出四种不同处理的基础上，建立了四个不同的子模型。结果发现：在小 Peclet 数条件下，流体的黏性对熔池流动影响很小。后来，Davis[46]、Dowden[30]等人在假设小孔为圆柱形且熔池内液态金属的黏性为常数的前提下，建立了各自的二维稳态熔池流动模型，并借助等温线移动技术采用线性化方法对模型进行了数值求解，然后把数值计算结果与模型的分析结果进行比较，结果发现：采用数值解法可以使模型对移动速度（即 Peclet 数）的限制得以放宽。Dowden[38]等人针对小 Prandtl 数的流动情况，在假设小孔为圆柱形，且小孔前沿为等温面（$T=T_v$）、后沿无热流穿过（即后沿为绝热面）的前提下，建立了一个二维无旋流动模型，求出了激光焊接熔池的流场和温度场。

上述模型都只考虑了沿垂直于光轴方向平面内的流动情况，而未考虑沿光轴方向的熔池流动。事实上，在激光深熔焊接熔池内，由于存在着沿深度方向的压力梯度，从而导致熔池中的液态金属材料产生沿光轴方向的流动。Postacioglu[47]等人根据沿深度方向的动量守恒方程，建立了一个数学模型，计算了熔池内沿光轴方向的流动速度，结果表明：随着 Reynolds 数的增大，轴向流动速度减小。后来，Postacioglu[47]等人还建立了一个模型研究了由表面张力的变化所引起的熔池的轴向和径向流动。Lambrakos[48]等人根据连续性方程、动量守恒方程和能量守恒方程，并把小孔和熔池等移动表面看成是与时间有关的边界条件，建立了一个三维激光深熔焊接模型。然后采用 SIMPLE 算法求得了熔池的速度场和工件的温度场。Kar[49]等人根据熔池内的质量、动量和能量守恒方程，建立了一个三维激光深熔焊接模型。模型考虑了气/液分界面上的动量平衡、能量平衡以及固/液分界面上的能量平衡、无滑条件等，计算了小孔的形状和自由表面上的速度分布和温度分布。Semak & Matsunawa[50]等人研究了激光与材料作用的过程中能量平衡时的熔池的表面温度、气化速度、熔滴的溅射速度以及所产生的反冲压力。

Cho[27]采用热源作用半径沿深度变化的圆锥体热源，自由表面引入反冲压力，并采用VOF法追踪金属熔池的自由液面。焊接材料吸收激光的机制是逆韧致和菲涅耳两个过程。模拟结果基本吻合，但是匙孔中的金属蒸气没有当作光致等离子考虑，文章中的匙孔中的温度场并没有给出。

Zhou等[26]对激光焊接的数值模拟作了一系列的研究，根据材料对激光的吸收的两个过程——逆韧致和菲涅耳，引入高斯热源。考虑金属蒸气的反冲压力，并把匙孔中的气体作气致等离子考虑，模拟出匙孔的动态变化以及相应的温度分布。

1.3 现有研究中存在的问题

通过前面对现有激光深熔焊接国内外研究现状的综述和分析，可以发现目前对激光深熔焊接传输现象的研究主要在激光束能量、能量及质量的传输过程上。

激光高能束与材料的耦合主要是通过孔壁的多次反射吸收和孔内等离子体的逆韧致辐射吸收来实现的。现有模型在处理孔壁的Fresnel吸收时，有的只考虑了孔壁的直接反射吸收，绝大多数则考虑了体热源。关于孔壁对激光的反射率，都采用Fresnel公式计算。但是，在具体使用该公式时，有时会遇到一些难以解决的困难，如被加工材料(特别是非金属材料)的物性参数、实际工件表面情况的反射率等。还有一些文献和模型在采用Fresnel公式计算每次反射时的反射系数时，都是按照平行光入射小孔情况下的入射角来计算的，而未考虑因聚焦等光学变换所引起的光会聚或发散对入射角的影响；或者即使在计算时考虑了聚焦光束的影响，但将聚焦光斑当作了一个理性点来处理，不能反映实际离焦量对能量传输的影响。最后，由于试验难度的增大使得对孔内等离子体的研究甚少，现有模型在计算激光能量耦合到工件材料时常常忽略了孔内等离子体的逆韧致辐射吸收，因此不能真实地反映激光能量热流密度的分布情况。

在现有激光深熔焊接模型中，有相当一部分没有考虑熔池内液态金属流动的影响，仅仅只是根据热传导方程建立起来的；还有一部分模型则是在假设热源模型为体热源的前提下来考虑熔池流体流动的影响的；另一部分模型虽然考虑了熔池中流体在径向和轴向流动，却忽略了周向流动。这表明了现有激光深熔焊接模型均存在着不合理性。那么，熔池对流流动究竟对激光深熔焊接有何影响呢？对这一问题还有待于进一步研究。

此外，在激光深熔焊接过程中，工件材料在激光的作用下将经历由固态-液态-气态的状态变化。物质在不同的状态下具有不同的热物理性质，即使在同一种状态下，材料的热物理性能也会随温度的变化而变化，是温度的函数。但是，如果把材料的热物理参数当成温度的函数来处理，将使得控制方程非线性化，从而增加模型求解的难度。因此，为了简化模型的计算，现有激光深熔焊接模型大多假设材料的热物理参数为常数；又因为缺乏高温下的材料的热物理参数值，许多模型甚至以低温下的热物理参数代替。这样虽然能简化问题的处理，但是却不可避免地会给计算结果带来误差，降低解的精度。究竟材料的热物理参数随温度的变化能给解的精度带来多大的误差？以及怎样来合理模拟材料热物理参数随温度变化的影响？这是现有激光深熔焊接模型存在的又一个问题。

1.4　研究目的及研究内容

就金属材料对激光的吸收而言，匙孔的出现是激光热传导焊接和深熔焊接最本质的区别。在出现匙孔之前，材料表面对激光的吸收率仅随着表面温度的升高而缓慢变化；而一旦材料出现气化并形成等离子体和匙孔，材料对激光的吸收则会发生突变，其吸收率几乎不再与激光波长、金属特性和材料表面状态有关，而主要取决于等离子体与激光的相互作用和匙孔效应等因素。

激光深熔焊接过程中，光致等离子体、入射激光束、匙孔和过程控制等因素相互影响，现象复杂，仅用实验研究的方法非常困难。本书的研究目的在于通过计算机模拟的方法研究该焊接动态过程，包括匙孔产生的动态过程，为实际激光焊接工艺提供指导，节约成本，缩短研究时间。

针对现有激光深熔焊接匙孔效应研究存在的上述问题，本书采用基于光束跟踪的热源模型，通过数值计算与试验相结合的研究方法系统深入研究激光深熔焊接中质量、能量、动量等传输过程，分析深熔焊接过程中激光功率、焊接速度对匙孔、熔池的影响。具体研究内容如下：

根据激光在匙孔内的传输机制，推导光束跟踪法产生热源，分别建立激光深熔点焊、连续激光深熔焊、激光-MIG 复合焊过程气、液、固三相统一的数学模型，基于 FLUENT 求解器，采用 C 语言编程进行二次开发，对激光深熔点焊、连续激光深熔焊、激光-MIG 复合焊接过程进行数值模拟，分析深熔焊接过程中的传输现象和匙孔形成过程的动态变化过程；分析激光功率对匙孔几何尺寸的影响；分析焊接速度对匙孔几何尺寸的影响。图 1-3 给出了激光深熔焊过程传输现象的数值研究中三个方面的主要内容。

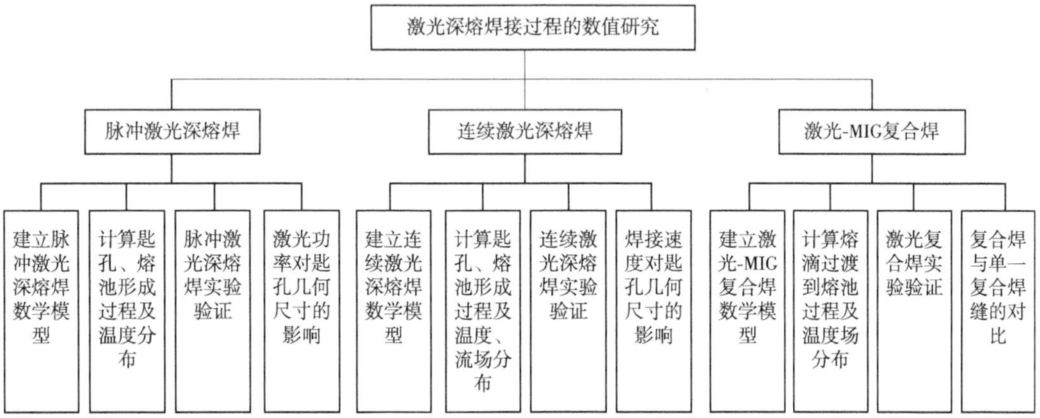

图 1-3　激光深熔焊过程传输现象的数值研究的内容

第 2 章

激光深熔焊接过程传输现象的数学模型

激光深熔焊接作为一种高能量密度的先进制造技术,其物理过程涉及复杂的多相耦合、动态界面演化及能量-动量-质量的多尺度传输现象。传统的实验研究虽能直观反映工艺参数对焊缝成形的影响,却难以深入揭示匙孔形成、熔池流动及等离子体相互作用的内在机制。随着数值模拟技术的发展,构建精确的数学模型已成为解析这一复杂过程的核心手段。通过建立气、液、固三相统一的控制方程,结合光束跟踪热源模型与多相流界面追踪方法,可系统量化激光与材料的能量耦合机制、匙孔动态行为及熔池流场-温度场的协同演化规律。本章将从数学建模的基本原理出发,详细阐述激光深熔焊接过程中传输现象的物理描述与方程构建,涵盖脉冲、连续及复合焊接等多种工艺场景,并探讨数值解法的实现路径,为后续模拟研究与工艺优化提供理论框架与方法支撑。

2.1 引　　言

从激光深熔焊接的物理过程来看,激光束功率密度大于气化阈值 10^6 W/cm^2 时,材料先熔化,然后液态金属材料剧烈气化膨胀产生的反冲压力将熔融材料抛出,形成匙孔。从能量传输过程来看,固/液界面发生固/液相变,匙孔壁面发生液/气相变。因此在数学模型上,需要建立气、液、固三相统一的数学模型。

对于一个由三组元,固、液、气三相组成的相变体系,根据混合原理和假设条件,可推出总质量、动量、能量守恒的统一控制方程,建立的统一控制方程组中,固/液相变采用焓孔隙率法处理,气/液自由表面采用 VOF(volume of fluid)法追踪,考虑气/液界面的传热与传质。用经典的混合理论所获得的固、液、气三相统一的控制方程组在形式上与标准的单相流传输方程完全一致。这个统一的数学模型在应用时,根据不同的传输现象进行不同处理。

传输现象控制方程的离散方法采用有限体积法,方程求解采用 SIMPLE 算法。FLUENT 软件采用有限体积法离散,SIMPLE 算法求解,基于该软件求解通用对流/扩散控制方程,然而将其应用于激光深熔焊接过程的数值模拟还必须结合实际情况进行具体处理。

2.2　深熔焊接过程气、液、固三相统一的控制方程

由经典混合理论建立的控制方程基于以下几个原理:

(1)如果混合体与其他混合体之间的相互作用能够被适当地处理,则可将混合体视为孤立体系。

(2)混合体的所有性能是组分性能的数学组合(mathematical consequence)。

(3)混合体的平均聚集行为受与单独组分相类似的控制方程所控制。

因为这些原理包含了惰性混合假设,因此将其应用于多相、多组元混合体时要特别注意。一般来说,相可被看作是孤立的,而组元由于其原子级上的相互结合,所以是不可分离的。再之,非惰性混合体的性能不是组成物性能的直接数学组合,所以将混合理论应用于非惰性混合体系时需要补充关于混合体组元在原子尺度上混合行为的有关信息。对于许多实际应用,这种信息可由相图或经验公式获得。

根据上述基本混合原理,结合以下几点假设条件:

(1)不考虑熔池与气体之间的化学反应。

(2)流体之间不相互渗透。

(3)流体流动方式为层流。

(4)除浮力项中的密度可变外,其他项中的密度为常数。

(5)固相不变形且无内应力存在。

(6)整个液相区被视为具有各向同性渗透率 K 的多孔介质。

(7)气/液间界面由 VOF 方程控制。

为了追踪气/液两相流界面,使用 VOF 方程[25]。VOF 方程中,每一相都有各自的体积分数变量,在任意一个计算区域内,各相的体积分数之和为 1。

VOF 方程:

$$\frac{\partial f_i}{\partial t}+(V\cdot\nabla)f_i=0 \tag{2-1}$$

$$\sum_{i=1}^{n} f_i=1 \tag{2-2}$$

对气/液两相流而言,总液相与气相体积分数之和为 1:

$$f_{tl}+f_g=1 \tag{2-3}$$

式中,f_g 为气相;f_{tl} 为总液相。

总液相采用焓-孔隙度法计算,因此总液相包括实际液相与固相:

$$f_{tl}=f_l+f_s \tag{2-4}$$

式中,f_l 为实际液相;f_s 为固相。

通过式(2-3)和式(2-4)可以推出,气、液、固三相的体积分数为 1:

$$f_g+f_l+f_s=1 \tag{2-5}$$

整个液相计算区域被看作是多孔介质连续体,计算域内固相与实际液相由体积分数决定。在实际液相区 $f_l=1$;在纯固相区,$f_s=1$;而在糊状区,$0<f_l<1$。

由基本混合原理和假设条件,可推得描述激光深熔焊接过程气、液、固三相统一的控制

方程，表示为以下通用形式[61,62]：

$$\frac{\partial(\rho\phi)}{\partial t}+\mathrm{div}(\rho V\phi)=\mathrm{div}(\Gamma \mathrm{grad}\ \phi)+S_{\phi} \tag{2-6}$$

式中，ϕ 为通用混合变量，代表 u、v、w、h 等求解变量；ρ 为材料的混合密度；Γ 为广义混合扩散系数；S_{ϕ} 为广义源项，包括动量守恒方程中糊状区的达西（Darcy）源项、布辛涅斯克（Boussinesq）浮力源项、反冲压力、表面张力以及能量方程中的内热源源项和潜热源项等。式（2-6）中左边第一项为瞬态项，第二项为对流项，右边第一项为扩散项，第二项为源项，源项包括了所有不能归入非稳态项、对流项及扩散项中的一切其他项。

控制体中的变量和参数利用各相体积分数，通过体积平均方式计算得到，如混合密度 ρ、混合速度 V、混合扩散系数 Γ 及通用混合变量 ϕ 的计算公式如下：

$$\rho=\rho_{1}f_{1}+\rho_{g}f_{g}+\rho_{s}f_{s} \tag{2-7}$$

$$V=V_{s}f_{s}+V_{1}f_{1}+V_{g}f_{g} \tag{2-8}$$

$$\Gamma=\Gamma_{s}f_{s}+\Gamma_{1}f_{1}+\Gamma_{g}f_{g} \tag{2-9}$$

$$\varphi=\varphi_{s}f_{s}+\varphi_{1}f_{1}+\varphi_{g}f_{g} \tag{2-10}$$

式中，f_{s}、f_{1}、f_{g} 分别为固相、液相和气相的体积分数；下标 g、l、s 分别表示气相、液相、固相。其他的物理属性也通过这种方式求得。

式（2-6）中源项中的达西源项、浮力源项表示式[63]如下：

$$S_{\phi}=-\frac{\mu}{K}\vec{u}+\rho_{0}\beta g(T-T_{0}) \tag{2-11}$$

式中，渗透率 K 由 Karman-Kozeny 方程[64]计算；ρ_{0} 为材料在参考温度下的密度；β 代表材料的热膨胀系数；g 为重力加速度；T_{0} 为参考温度。

Karman-Kozeny 方程表述如下：

$$K=\frac{(f_{1})^{3}}{D_{1}(f_{1})^{2}} \tag{2-12}$$

式中，f_{1} 为实际液相分数；D_{1} 是和实际液相分数相关的达西常数。在实际液相区，$f_{1}=1$；在固相区，$f_{1}=0$；而在糊状区，$0<f_{1}<1$。

式（2-6）中潜热源项的表达式如下：

$$\Delta H=\begin{cases}L & \text{当 } T<T_{s}\\ f_{1}L & \text{当 } T_{s}\leqslant T\leqslant T_{1}\\ 0 & \text{当 } T>T_{1}\end{cases} \tag{2-13}$$

式中，T_{s} 为固相线温度；T_{1} 为液相线温度。

通用控制方程在整个求解区域内（气、液、固三相）都是适用的。这是由动量方程右端 Darcy 阻力项及多相流 VOF 方程决定的。由渗透率函数的表达式可知，对于纯液相区，$f_{1}=1$，渗透率函数 $K\to\infty$，Darcy 阻力为零，此时通用控制方程也相应地成为纯液相区的守恒方程；在固相区，$f_{1}=0$，渗透率函数 $K\to 0$，整个方程由 Darcy 阻力项所控制，迫使混合速度趋于零值，此时通用控制方程也相应地成为纯固相区的守恒方程；在气相区，$f_{g}=1$，气/液边界由多相流 VOF 方程所控制。

在编制计算机程序时，只需写出一个求解方程的通用程序即可，并对不同意义下的 ϕ 重复使用这个程序，具有很好的通用性；对不同的 φ 需要对相应的 Γ 和 S_{ϕ}，分别赋予各自合适的表达式,同时也需要给出相应合适的初始条件和边界条件。建立的气、液、固三相统一的控制方程,求解方法上无须采用运动的数值网格或坐标映像技术来运动跟踪相区间的界面边界条件,整个方程组的求解只需给出计算域的外边界条件。

2.3　光束跟踪热源模型

匙孔内激光的能量吸收机制包括两个过程:菲涅耳吸收和逆韧致吸收[65]。菲涅耳吸收是匙孔壁对激光的吸收机制,它描述激光在匙孔内多重反射的吸收行为。当激光进入匙孔后,在匙孔内壁上发生多重反射,每一次反射过程中,激光能量被匙孔壁吸收一部分,同时光线的传播方向会发生变化,见图 2-1。

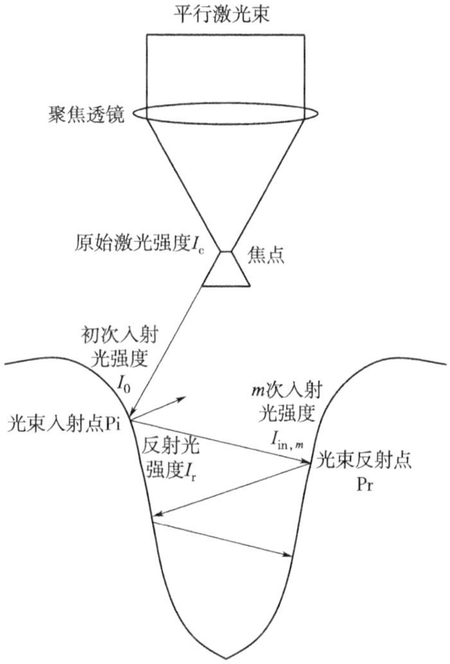

图 2-1　光束多重反射示意图

入射光线、匙孔壁面法向、反射光线三者矢量关系方程[66]:

$$\boldsymbol{R}=\boldsymbol{I}+2(-\boldsymbol{I}\cdot\boldsymbol{N})\boldsymbol{N} \tag{2-14}$$

式中,$\boldsymbol{R}$ 为反射光线矢量;$\boldsymbol{I}$ 为入射光线矢量;$\boldsymbol{N}$ 为匙孔壁面法向矢量。

逆韧致吸收描述的是光致等离子体对激光的吸收行为。在匙孔内部,材料急剧蒸发,金属蒸气和保护气体在高温条件下电离为等离子体,激光穿过等离子体发生能量衰减,一部分能量被等离子体吸收。

激光穿过等离子体能量衰减遵循布格尔(朗伯)定律[67]:

$$I=I_a\exp(-al) \tag{2-15}$$

式中,I 为衰减之后的激光束能量;I_a 为衰减前激光束能量;a 为介质的吸收系数;l 为激光束在等离子体中穿行距离。

根据激光在匙孔内的传播路径和匙孔内激光的能量吸收机制,采用光束跟踪法推导出热源模型，其推导过程如下：

假定原始激光能量高斯分布[25]：

$$I_c(r)=\frac{2P_{\text{laser}}}{\pi r_{f_0}^2}\left(\frac{r_f}{r_{f_0}}\right)\exp\left(-\frac{2r^2}{r_f^2}\right) \tag{2-16}$$

式中，$I_c(r)$为原始激光能量分布；P_{laser} 为激光功率；r_f 为光束半径，r_{f_0} 为焦点半径。

由式(2-15)和式(2-16)推出，激光束初次传播至匙孔壁面时，激光束强度为：

$$I_0(r,z)=I_c(r)\ \exp\left(-\int_0^{z_0}K_{pl}\mathrm{d}z\right) \tag{2-17}$$

式中，$I_0(r,z)$为初次入射光强度，角标 0 表示初次；K_{pl} 为逆韧致吸收系数；$\exp\left(-\int_0^{z_0}K_{pl}\mathrm{d}z\right)$ 为激光初次传播路径的光学厚度。初次入射光束能量在匙孔壁面被部分吸收，即产生菲涅耳吸收。匙孔壁面吸收的能量为：

$$I_0(r,z)(\boldsymbol{I}_0\cdot\boldsymbol{n}_0)\alpha_{Fr}(\varphi_0) \tag{2-18}$$

式中，φ_0 为初次入射光与匙孔壁面法向矢量的夹角；α_{Fr} 为菲涅耳吸收系数[25]；$\boldsymbol{I}_0$ 为初次激光束入射方向单位矢量；$\boldsymbol{n}_0$ 为初次入射光照在匙孔表面，匙孔表面法向单位矢量。

$$\alpha_{Fr}(\varphi)=1-\frac{1}{2}\left(\frac{1+(1-\varepsilon\cos\varphi)^2}{1+(1+\varepsilon\cos\varphi)^2}+\frac{\varepsilon^2-2\varepsilon\cos\varphi+2\cos^2\varphi}{\varepsilon^2+2\varepsilon\cos\varphi+2\cos^2\varphi}\right) \tag{2-19}$$

式中，ε 为材料常数，取值 0.2。

第 m 次因反射而产生的入射光强度：

$$\begin{cases}I_{\text{in},m}(r,z)=I_r(r)\exp\left(-\int_0^{z_m}K_{pl}\mathrm{d}z\right)\\ I_r(r,z)=I_0(r,z)(1-\alpha_{Fr})\end{cases} \tag{2-20}$$

式中，I_r 为反射光强度；r 为反射；$\exp\left(-\int_0^{z_m}K_{pl}\mathrm{d}z\right)$ 为激光第 m 次传播路径的光学厚度。

第 m 次入射光束能量在匙孔壁面被部分吸收，即产生菲涅耳吸收。匙孔壁吸收的能量为：

$$I_{in,m}(r,z)(\boldsymbol{I}_m\cdot\boldsymbol{n}_m)\alpha_{Fr}(\varphi_m) \tag{2-21}$$

式中，$\boldsymbol{I}_m$ 为第 m 次激光束入射方向单位矢量；$\boldsymbol{n}_m$ 为第 m 次入射光照在匙孔表面，匙孔表面法向单位矢量；φ_m 为第 m 次激光束入射方向与匙孔表面法向的夹角。

由式(2-18)和式(2-21)式推出，匙孔内壁面上的热流方程[25]为：

$$q_{\text{surface}}=I_0(r,z)(\boldsymbol{I}_0\cdot\boldsymbol{n}_0)\alpha_{Fr}(\varphi_0)+\sum_{m=1}^{n}I_{\text{in},m}(r,z)(\boldsymbol{I}_m\cdot\boldsymbol{n}_m)\alpha_{Fr}(\varphi_m) \tag{2-22}$$

式中，n 为因多重反射而产生的入射光线的总数。

同理可以推出，激光束在光致等离子区传播，光致等离子体对激光束产生逆韧致吸收的热流方程[26]：

$$q_{\text{plasma}}=K_{pl}I_c(r)\ \exp\left(-\int_0^{z_0}K_{pl}\mathrm{d}z\right)+\sum_{m=1}^{n}K_{pl}I_{\text{in},m}(r,z)\ \exp\left(-\int_0^{z_m}K_{pl}\mathrm{d}z\right) \tag{2-23}$$

基于光束跟踪的深熔焊接热源模型如下：

$$q_{\text{laser}}=q_{\text{surface}}+q_{\text{plasma}} \tag{2-24}$$

2.4　脉冲激光深熔焊接过程的数学模型

2.4.1　控制方程组

描述激光点焊非稳态过程的二维控制方程组：

连续方程：

$$\frac{\partial \rho}{\partial t}+\frac{\partial(\rho u)}{\partial x}+\frac{\partial(\rho v)}{\partial y}=0 \tag{2-25}$$

动量方程：

$$\frac{\partial(\rho u)}{\partial t}+\frac{\partial(\rho uu)}{\partial x}+\frac{\partial(\rho uv)}{\partial y}=-\frac{\partial p}{\partial x}+\frac{\partial}{\partial x}\left(\mu\frac{\partial u}{\partial x}\right)+\frac{\partial}{\partial y}\left(\mu\frac{\partial u}{\partial y}\right)+S_u \tag{2-26}$$

$$\frac{\partial(\rho v)}{\partial t}+\frac{\partial(\rho vu)}{\partial x}+\frac{\partial(\rho vv)}{\partial y}=-\frac{\partial p}{\partial y}+\frac{\partial}{\partial x}\left(\mu\frac{\partial v}{\partial x}\right)+\frac{\partial}{\partial y}\left(\mu\frac{\partial v}{\partial y}\right)+S_v \tag{2-27}$$

能量方程：

$$\frac{\partial(\rho h)}{\partial t}+\frac{\partial(\rho uh)}{\partial x}+\frac{\partial(\rho vh)}{\partial y}=\frac{\partial}{\partial x}\left(k\frac{\partial T}{\partial x}\right)+\frac{\partial}{\partial y}\left(k\frac{\partial T}{\partial y}\right)+S_T \tag{2-28}$$

自由液面追踪方程：

采用多相流 VOF 模型[68]追踪气液间自由表面。该方法需要引入一个新的参数，即单元格的流体体积分数 $F(x,y,t)$。如果 $F(x,y,t)=1$，则表示对应的单元格充满了液体；如果 $0<F(x,y,t)<1$，则表示液体表面位于单元格中；如果 $F(x,y,t)=0$，则表示对应的单元格中没有液体。这样，可利用 F 来计算自由表面单元及其法线方向，从而计算出气液界面。

流体体积 VOF 方程：

$$\frac{\partial F}{\partial t}+(V\cdot\nabla)F=0 \tag{2-29}$$

$$\sum_i F_i=1 \tag{2-30}$$

控制方程中：u、v 分别为代表 x、y 方向的速度，t 为时间，ρ 为密度，k 为热导率，μ 为黏度，P 为压力，h 为显热，T 为温度，S_u、S_v 分别为 x，y 方向上的源项，S_T 为能量方程的源项。基本控制方程组的广义源项包括了方程右端所有未列入扩散项中的其他各项。对激光点焊过程的传输现象进行模拟，考虑控制方程中固/液、液/气之间的传热与传质，考虑反冲压力和表面张力对焊接熔池的影响。

方程中的混合密度、混合黏度、混合热导率及混合焓分别定义如下：

$$\rho=\rho_l f_l+\rho_g f_g+\rho_s f_s \tag{2-31}$$

$$\mu=\mu_s f_s+\mu_l f_l+\mu_g f_g \tag{2-32}$$

$$\kappa=\kappa_l f_l+\kappa_g f_g+\kappa_s f_s \tag{2-33}$$

$$h=h_l f_l+h_g f_g+h_s f_s \tag{2-34}$$

式中，f_s、f_l、f_g 分别为固相、液相和气相的体积分数；下标 g、l、s 分别表示气相、液相、固相。控制方程中的其他的变量与物理属性也通过这种方式求得。

式(2-26)、式(2-27)、式(2-28)中的源项表达式见表 2-1。

表 2-1　激光点焊控制方程广义源项

控制方程	符号	源　　项
x 方向动量方程	S_u	$-\frac{\mu}{K}u$
y 方向动量方程	S_v	$g-\frac{\mu}{K}v+\rho g\beta(T-T_0)$
能量方程	S_T	$q_{\text{laser}}-q_v-\frac{\partial}{\partial t}(\rho\Delta H)-\frac{\partial}{\partial x}(\rho u\Delta H)-\frac{\partial}{\partial y}(\rho v\Delta H)-\frac{\partial}{\partial z}(\rho w\Delta H)$

表 2-1 中,K 为渗透率,β 为材料热膨胀系数,g 为重力加速度,T_0 为参考温度,计算时,参考温度为 300 K,q_{laser} 为激光束热流密度,q_v 为因蒸发产生的热损失,ΔH 为相变潜热。

反冲压力与表面张力是表面力,把表面力转化为体积力,然后通过追踪匙孔的自由表面,加到动量方程的源项上。

2.4.2　边界条件

为了能用上述控制方程求解激光点焊焊接过程,必须给控制方程施予特定的边界条件。

激光焊接的计算域具有沿焊缝中心线对称的特点。为了节省计算时间,取其一半进行瞬态的模拟计算。在初始条件下,激光热源的作用中心位于坐标原点,在母材上表面处即是焦点平面,其上能量密度假定为高斯函数分布。脉冲激光深熔焊的计算域及边界条件见图 2-2,整个计算以自由表面为界分为金属区和等离子区两个部分。

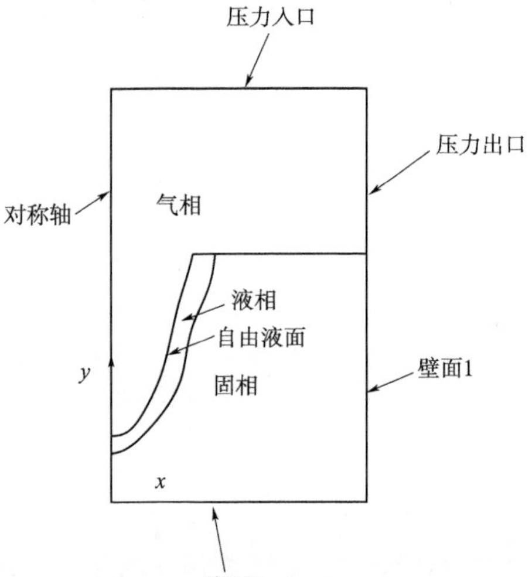

图 2-2　脉冲激光深熔焊的计算域及边界条件

相应的边界条件如下:

自由表面边界:

自由表面法向压力[69]条件为:

$$P=P_\sigma+P_r \tag{2-35}$$

式中,P 为自由表面法线方向的压力;P_σ 为表面张力;P_r 为反冲压力。

式(2-35)中反冲压力的表达式[70]如下:

$$P_r = 0.54P_0\exp\left(\Delta H_{\mathrm{lv}}\frac{T-T_{\mathrm{lv}}}{RTT_{\mathrm{lv}}}\right) \tag{2-36}$$

式(2-35)中表面张力的表达式如下：

$$P_\sigma = \kappa\sigma \tag{2-37}$$

式(2-37)中，κ 为自由表面曲率[71]

$$\kappa = -\left[\nabla\cdot\left(\frac{\boldsymbol{n}}{|\boldsymbol{n}|}\right)\right] = \frac{1}{|\boldsymbol{n}|}\left[\left(\frac{\boldsymbol{n}}{|\boldsymbol{n}|}\cdot\nabla\right)|\boldsymbol{n}| - (\nabla\cdot\boldsymbol{n})\right] \tag{2-38}$$

反冲压力与表面张力是表面力，通过把表面力转化为体积力，然后以添加动量方程源项的方式加到匙孔的自由表面上。

表面张力 σ 与温度 T 关系式[72]：

$$\sigma(T) = \sigma_m - \Gamma(T-T_m) \tag{2-39}$$

式中，σ_m 为温度在熔化温度 T_m 时的表面张力系数；Γ 为表面张力温度系数梯度。

自由表面切向 $\boldsymbol{s}$ 应力[73]条件为：

$$\tau_s = \frac{\partial\sigma}{\partial T}\frac{\partial T}{\partial \boldsymbol{s}} \tag{2-40}$$

自由表面能量条件为：

$$k\frac{\partial T}{\partial \boldsymbol{n}} = q_{\mathrm{laser}} - q_{\mathrm{evap}} \tag{2-41}$$

式中，q_{laser} 为自由面上激光束热流密度；q_{evap} 为因蒸发导致的热损失。

壁面边界：

$$-k\frac{\partial T}{\partial x} = h(T-T_\infty) + \sigma_0\varepsilon(T^4 - T_\infty^4),\ u=0, v=0 \tag{2-42}$$

对称边界：

$$\frac{\partial T}{\partial x} = 0,\ u=0,\ \frac{\partial v}{\partial x} = 0 \tag{2-43}$$

2.5　连续激光深熔焊接过程的数学模型

2.5.1　控制方程组

描述连续激光深熔焊接非稳态过程的三维控制方程组：

连续方程：

$$\frac{\partial\rho}{\partial t} + \frac{\partial(\rho u)}{\partial x} + \frac{\partial(\rho v)}{\partial y} + \frac{\partial(\rho w)}{\partial z} = 0 \tag{2-44}$$

动量方程：

$$\begin{aligned}&\frac{\partial(\rho u)}{\partial t} + \frac{\partial(\rho uu)}{\partial x} - \frac{\partial(\rho u_w u)}{\partial x} + \frac{\partial(\rho uv)}{\partial y} + \frac{\partial(\rho uw)}{\partial z}\\ &= -\frac{\partial p}{\partial x} + \frac{\partial}{\partial x}\left(\mu\frac{\partial u}{\partial x}\right) + \frac{\partial}{\partial y}\left(\mu\frac{\partial u}{\partial y}\right) + \frac{\partial}{\partial z}\left(\mu\frac{\partial u}{\partial z}\right) + S_u\end{aligned} \tag{2-45}$$

$$\frac{\partial(\rho v)}{\partial t}+\frac{\partial(\rho vu)}{\partial x}-\frac{\partial(\rho vu_w)}{\partial x}+\frac{\partial(\rho vv)}{\partial y}+\frac{\partial(\rho vw)}{\partial z}=-\frac{\partial p}{\partial y}+\frac{\partial}{\partial x}\left(\mu\frac{\partial v}{\partial x}\right)+\frac{\partial}{\partial y}\left(\mu\frac{\partial v}{\partial y}\right)+\frac{\partial}{\partial z}\left(\mu\frac{\partial v}{\partial z}\right)+S_v \tag{2-46}$$

$$\frac{\partial(\rho w)}{\partial t}+\frac{\partial(\rho wu)}{\partial x}-\frac{\partial(\rho wu_w)}{\partial x}+\frac{\partial(\rho wv)}{\partial y}+\frac{\partial(\rho ww)}{\partial z}=-\frac{\partial p}{\partial z}+\frac{\partial}{\partial x}\left(\mu\frac{\partial w}{\partial x}\right)+\frac{\partial}{\partial y}\left(\mu\frac{\partial w}{\partial y}\right)+\frac{\partial}{\partial z}\left(\mu\frac{\partial w}{\partial z}\right)+S_w \tag{2-47}$$

能量方程：

$$\frac{\partial(\rho h)}{\partial t}+\frac{\partial(\rho uh)}{\partial x}-\frac{\partial(\rho u_w h)}{\partial x}+\frac{\partial(\rho vh)}{\partial y}+\frac{\partial(\rho wh)}{\partial z}=\frac{\partial}{\partial x}\left(k\frac{\partial T}{\partial x}\right)+\frac{\partial}{\partial y}\left(k\frac{\partial T}{\partial y}\right)+\frac{\partial}{\partial z}\left(k\frac{\partial T}{\partial z}\right)+S_T \tag{2-48}$$

自由液面追踪方程：

采用多相流 VOF 模型追踪气液间自由表面。该方法需要引入一个新的参数，即单元格的流体体积分数 $F(x,y,t)$。如果 $F(x,y,t)=1$，则表示对应的单元格充满了液体；如果 $0<F(x,y,t)<1$，则表示液体表面位于单元格中；如果 $F(x,y,t)=0$，则表示对应的单元格中没有液体。这样，可利用 F 来计算自由表面单元及其法线方向，从而计算出气液界面。

流体体积 VOF 方程：

$$\frac{\partial F}{\partial t}+(V\cdot\nabla)F=0 \tag{2-49}$$

$$\sum_i F_i=1 \tag{2-50}$$

控制方程组中：u、v、w 分别为代表 x、y、z 方向的速度，t 为时间，u_w 为焊接速度，ρ 为密度，k 为热导率，μ 为黏度，P 为压力，h 为显热，T 为温度，S_u、S_v、S_w 分别为 x、y、z 方向上的源项，S_T 为能量方程的源项。基本控制方程组的广义源项包括了方程右端所有未列入扩散项中的其他各项。对连续激光深熔焊接过程的传输现象进行模拟，考虑控制方程中固/液、液/气之间的传热与传质，考虑反冲压力和表面张力对焊接熔池的影响。

方程中的混合密度、混合黏度、混合热导率及混合焓分别定义如下：

$$\rho=\rho_l f_l+\rho_g f_g+\rho_s f_s \tag{2-51}$$

$$\mu=\mu_s f_s+\mu_l f_l+\mu_g f_g \tag{2-52}$$

$$\kappa=\kappa_l f_l+\kappa_g f_g+\kappa_s f_s \tag{2-53}$$

$$h=h_l f_l+h_g f_g+h_s f_s \tag{2-54}$$

式中，f_s、f_l、f_g 分别为固相、液相和气相的体积分数；下标 g、l、s 分别表示气相、液相、固相。控制方程中的其他的变量与物理属性也通过这种方式求得。

式(2-45)、式(2-46)、式(2-47)、式(2-48)中的源项表达式见表 2-2。

表 2-2 连续激光深熔焊接控制方程广义源项

方程	符号	源 项
x 方向动量方程	S_u	$-\frac{\mu}{K}(u-u_w)$

续表

方程	符号	源　项
y 方向动量方程	S_v	$-\frac{\mu}{K}v$
z 方向动量方程	S_w	$g-\frac{\mu}{K}v+\rho g\beta(T-T_0)$
能量方程	S_T	$q_{\text{laser}}-q_v-\frac{\partial}{\partial t}(\rho\Delta H)-\frac{\partial}{\partial x}(\rho u\Delta H)-\frac{\partial}{\partial y}(\rho v\Delta H)-\frac{\partial}{\partial z}(\rho w\Delta H)+\frac{\partial}{\partial x}(\rho u_w\Delta H)$

表 2-2 中，u_w 为焊接速度，K 为渗透率，β 为材料热膨胀系数，g 为重力加速度，T_0 为参考温度，计算时，参考温度为 300 K，q_{laser} 为激光束热流密度，q_v 为因蒸发产生的热损失，ΔH 为相变潜热。

反冲压力与表面张力是表面力，把表面力转化为体积力，通过追踪匙孔的自由表面，加到动量方程的源项上。

2.5.2　边界条件

为了能用上述控制方程求解连续激光深熔焊接过程，必须给控制方程施予特定的边界条件。

连续激光焊接的计算域具有沿焊缝中心线对称的特点。为了节省计算时间，取其一半进行瞬态的模拟计算。在初始条件下，激光热源的作用中心位于坐标原点，在母材上表面处即是焦点平面，其上能量密度假定为高斯函数分布。连续激光深熔焊的计算域及边界条件见图 2-3，整个计算以自由表面为界分为金属区和等离子区两个部分，顶部为压力入口边界，周围为压力出口边界，中心边界对称边界条件，气/液间为自由表面边界条件，下矩形周围为壁面边界条件。

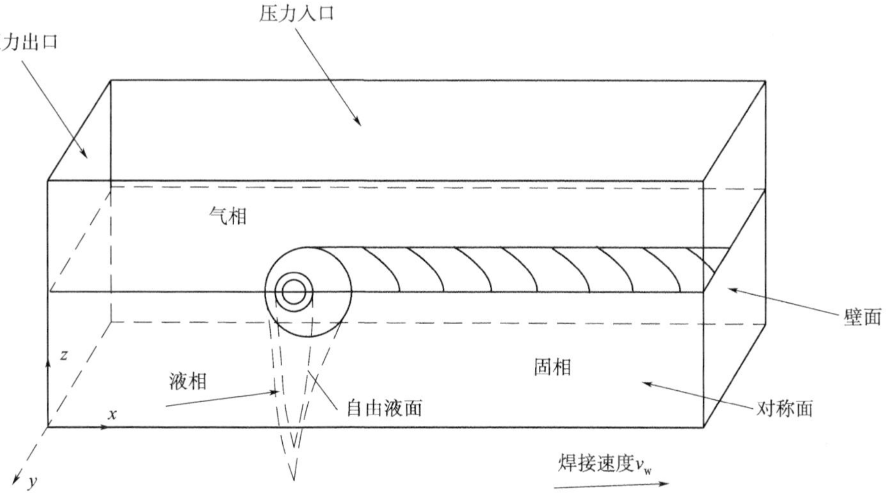

图 2-3　连续激光深熔焊的计算域及边界条件

工件上表面单位面积对流热损失用下述公式来表述：

$$q_c=h_c(T-T_0) \tag{2-55}$$

式中，q_c 为对流热流量；h_c 为对流换热系数。

由辐射引起的单位面积的热损失流量 q_r 为：

$$q_r = \varepsilon\sigma_0(T^4 - T_0^4) \tag{2-56}$$

式中，ε 为材料表面发射率；$\sigma_0 = 5.6697 \times 10^{-8}$，为 Stefan-Boltzmann 常数。

熔池自由表面：

自由表面法向压力[69]条件为：

$$P = P_\sigma + P_r \tag{2-57}$$

式中，P 为自由表面法线方向的压力；P_σ 为表面张力；P_r 为反冲压力。

式(2-57)中反冲压力的表达式[70]如下：

$$P_r = 0.54P_0 \exp\left(\Delta H_{\mathrm{lv}} \frac{T - T_{\mathrm{lv}}}{RTT_{\mathrm{lv}}}\right) \tag{2-58}$$

式(2-57)中表面张力的表达式如下：

$$P_\sigma = \kappa\sigma \tag{2-59}$$

式(2-59)中，κ 为自由表面曲率[71]：

$$\kappa = -\left[\nabla \cdot \left(\frac{\boldsymbol{n}}{|\boldsymbol{n}|}\right)\right] = \frac{1}{|\boldsymbol{n}|}\left[\left(\frac{\boldsymbol{n}}{|\boldsymbol{n}|} \cdot \nabla\right)|\boldsymbol{n}| - (\nabla \cdot \boldsymbol{n})\right] \tag{2-60}$$

反冲压力与表面张力是表面力，把表面力转化为体积力，通过添加动量方程源项的方式加到匙孔的自由表面上。

表面张力 σ 与温度 T 关系式[72]：

$$\sigma(T) = \sigma_m - \Gamma(T - T_m) \tag{2-61}$$

式中，σ_m 表示温度在熔化温度 T_m 时的表面张力系数；Γ 表示表面张力温度系数梯度。

自由表面切向应力[73]条件为：

$$-\mu \frac{\partial u}{\partial z} = \frac{\partial \sigma}{\partial T}\frac{\partial T}{\partial x} \tag{2-62}$$

$$-\mu \frac{\partial v}{\partial z} = \frac{\partial \sigma}{\partial T}\frac{\partial T}{\partial y} \tag{2-63}$$

自由表面能量条件为：

$$k\frac{\partial T}{\partial \boldsymbol{n}} = q_{\mathrm{laser}} - q_{\mathrm{evap}} \tag{2-64}$$

式中，q_{laser} 为自由面上激光束热流密度；q_{evap} 为因蒸发导致的热损失。

固体区：

$$u = u_w, v = 0, w = 0 \tag{2-65}$$

式中，u_w 为焊接速度。

对称面：

$$\frac{\partial u}{\partial y} = 0, \frac{\partial w}{\partial y} = 0, v = 0, \frac{\partial T}{\partial y} = 0 \tag{2-66}$$

2.6　激光-MIG 复合焊接过程的数学模型

2.6.1　控制方程组

描述激光-MIG 复合焊接非稳态过程的二维控制方程组：

连续方程：

$$\frac{\partial \rho}{\partial t}+\frac{\partial(\rho u)}{\partial x}+\frac{\partial(\rho v)}{\partial y}=0 \tag{2-67}$$

动量方程：

$$\frac{\partial(\rho u)}{\partial t}+\frac{\partial(\rho uu)}{\partial x}+\frac{\partial(\rho uv)}{\partial y}=-\frac{\partial p}{\partial x}+\frac{\partial}{\partial x}\left(\mu\frac{\partial u}{\partial x}\right)+\frac{\partial}{\partial y}\left(\mu\frac{\partial u}{\partial y}\right)+S_u \tag{2-68}$$

$$\frac{\partial(\rho v)}{\partial t}+\frac{\partial(\rho vu)}{\partial x}+\frac{\partial(\rho vv)}{\partial y}=-\frac{\partial p}{\partial y}+\frac{\partial}{\partial x}\left(\mu\frac{\partial v}{\partial x}\right)+\frac{\partial}{\partial y}\left(\mu\frac{\partial v}{\partial y}\right)+S_v \tag{2-69}$$

能量方程：

$$\frac{\partial(\rho h)}{\partial t}+\frac{\partial(\rho uh)}{\partial x}+\frac{\partial(\rho vh)}{\partial y}=\frac{\partial}{\partial x}\left(k\frac{\partial T}{\partial x}\right)+\frac{\partial}{\partial y}\left(k\frac{\partial T}{\partial y}\right)+S_T \tag{2-70}$$

自由液面追踪方程：

采用多相流 VOF 模型追踪气液间自由表面。该方法需要引入一个新的参数，即单元格的流体体积分数 $F(x,y,t)$。如果 $F(x,y,t)=1$，则表示对应的单元格充满了液体；如果 $0<F(x,y,t)<1$，则表示液体表面位于单元格中；如果 $F(x,y,t)=0$，则表示对应的单元格中没有液体。这样，可利用 F 来计算自由表面单元及其法线方向，从而计算出气/液界面。

流体体积 VOF(volume of fluid)方程：

$$\frac{\partial F}{\partial t}+(V\cdot\nabla)F=0 \tag{2-71}$$

$$\sum_i F_i=1 \tag{2-72}$$

控制方程组中：u、v 分别为代表 x、y 方向的速度，t 为时间，ρ 为密度，k 为热导率，μ 为黏度，P 为压力，h 为显热，T 为温度，S_u、S_v 分别为 x、y 方向上的源项，S_T 为能量方程的源项。基本控制方程组的广义源项包括了方程右端所有未列入扩散项中的其他各项。对激光点焊过程的传输现象进行模拟，考虑控制方程中固/液、液/气之间的传热与传质，考虑反冲压力和表面张力对焊接熔池的影响。

方程中的混合密度、混合黏度及混合热导率分别定义如下：

$$\rho=\rho_l f_l+\rho_g f_g+\rho_s f_s \tag{2-73}$$

$$\mu=\mu_s f_s+\mu_l f_l+\mu_g f_g \tag{2-74}$$

$$\kappa=\kappa_l f_l+\kappa_g f_g+\kappa_s f_s \tag{2-75}$$

$$h=h_l f_l+h_g f_g+h_s f_s \tag{2-76}$$

式中，f_s、f_l、f_g 分别为固相、液相和气相的体积分数；下标 g、l、s 分别表示气相、液相、固相。控制方程中的其他的变量与物理属性也通过这种方式求得。

式(2-68)、式(2-69)、式(2-70)中的源项表达式见表 2-3。

表 2-3　激光-MIG 复合焊控制方程广义源项

控制方程	符号	源　项
x 方向动量方程	S_u	$-\frac{\mu}{K}u+j_y B_z$
y 方向动量方程	S_v	$g-\frac{\mu}{K}v+\rho g\beta(T-T_0)-j_x B_z$
能量方程	S_T	$q_{\text{laser}}-q_v-\frac{\partial}{\partial t}(\rho\Delta H)-\frac{\partial}{\partial x}(\rho u\Delta H)-\frac{\partial}{\partial y}(\rho v\Delta H)-\frac{\partial}{\partial z}(\rho w\Delta H)+\frac{j_x^2+j_y^2}{\sigma}-S_r+\frac{5}{2}\frac{k_B}{e}\left(j_y\frac{\partial T}{\partial x}+j_x\frac{\partial T}{\partial y}\right)$

表 2-3 中，K 为渗透率，β 为材料热膨胀系数，g 为重力加速度，T_0 为参考温度，计算时，参考温度为 300 K。q_{laser} 为激光束热流密度，q_v 为因蒸发产生的热损失，ΔH 为相变潜热，j_x 为 X 方向电流密度，j_y 为 Y 方向电流密度，σ 为电导率，k_B 为玻尔兹曼常数，e 为基本电荷，S_r 为单位体积的辐射功率。

2.6.2　辅助方程

电流连续方程：

$$\frac{\partial}{\partial x}\left(\sigma\frac{\partial\phi}{\partial x}\right)+\frac{\partial}{\partial y}\left(\sigma\frac{\partial\phi}{\partial y}\right)=0 \tag{2-77}$$

应用磁矢量势法和欧姆定律计算感应磁场：

$$j_x=-\sigma\frac{\partial\phi}{\partial x} \tag{2-78}$$

$$j_y=-\sigma\frac{\partial\phi}{\partial y} \tag{2-79}$$

$$\frac{\partial^2 A_x}{\partial x^2}+\frac{\partial^2 A_x}{\partial y^2}+\mu_0 j_x=0 \tag{2-80}$$

$$\frac{\partial^2 A_y}{\partial x^2}+\frac{\partial^2 A_y}{\partial y^2}+\mu_0 j_y=0 \tag{2-81}$$

$$B=\nabla\times A \tag{2-82}$$

$$B_z=\frac{\partial A_y}{\partial x}-\frac{\partial A_x}{\partial y} \tag{2-83}$$

式中，σ 为混合电导率；ϕ 为电势；j_x、j_y 分别为电流密度的 x 和 y 分量；A_x、A_y 分别为磁矢量势的 x 和 y 分量；B 为感应磁场；μ_0 为真空磁导率，$\mu_0=1.26\times10^{-6}\ \text{H}\cdot\text{m}^{-1}$。

上述方程中的混合电导率分别定义如下：

$$\sigma=\sigma_1 f_1+\sigma_g f_g+\sigma_s f_s \tag{2-84}$$

式中，σ_g、σ_1、σ_s 分别表示气、液、固三相的电导率；下标 g、l、s 分别表示气相、液相、固相。

2.6.3　边界条件

为了能用上述控制方程求解激光-MIG 复合焊接过程，必须给控制方程施予特定的边界条件。

激光-MIG 复合焊接过程的计算域具有沿焊缝中心线对称的特点。为了节省计算时间，取其一半进行瞬态的模拟计算。在初始条件下,激光热源的作用中心位于坐标原点,在母材上表面处即是焦点平面,其上能量密度假定为高斯函数分布,对于送丝速度问题,将液态金属看作是从一个虚拟的管子中流出的液态金属,其流出速度等于送丝速度。MIG 焊接过程产生的焦耳热由电弧产生,激光-MIG 复合焊接过程的计算域及边界条件见图 2-4 所示,整个计算以自由表面 EAB 为界,分为金属区和等离子区两个部分。

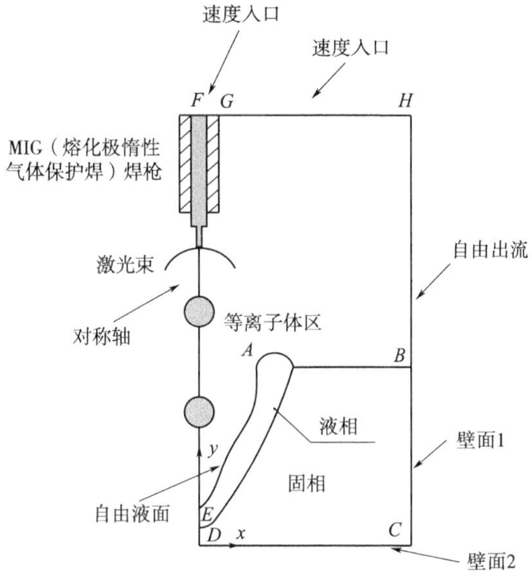

图 2-4　激光-MIG 复合焊接过程的计算域与边界条件

CDFHC 是整个计算区域,面 *ABCDEA* 是金属区域,面 *ABHFEA* 是等离子区域,焊接电弧模型的边界条件见表 2-4,对于焊接电弧,最关键的边界条件是阴极斑点半径处(图 2-4 线 *FG*)的电势,设定阴极斑点半径处的电流密度为 $J_c=1.5\times10^8\ \mathrm{A\cdot m^{-2}}$,相当于电流为 112 A。阳极表面(图 2-4 线 *BC*、*CD*)的电势设为零,这是由于焊接件金属电导率远大于等离子体电导率的缘故,熔池边界条件如下:

AE 边界:

熔池自由表面:

自由表面法向压力[69]条件为:

$$P=P_\sigma+P_r \tag{2-85}$$

式中,P 为自由表面法线方向的压力;P_σ 为表面张力;P_r 为反冲压力。

式(2-85)中反冲压力的表达式[70]如下:

$$P_r=0.54P_0\exp\left(\Delta H_{\mathrm{lv}}\frac{T-T_{\mathrm{lv}}}{RTT_{\mathrm{lv}}}\right) \tag{2-86}$$

式(2-85)中表面张力的表达式如下:

$$P_\sigma=\kappa\sigma \tag{2-87}$$

式(2-87)中,κ 为自由表面曲率[71]:

$$\kappa=-\left[\nabla\cdot\left(\frac{\boldsymbol{n}}{|\boldsymbol{n}|}\right)\right]=\frac{1}{|\boldsymbol{n}|}\left[\left(\frac{\boldsymbol{n}}{|\boldsymbol{n}|}\cdot\nabla\right)|\boldsymbol{n}|-(\nabla\cdot\boldsymbol{n})\right] \tag{2-88}$$

反冲压力与表面张力是表面力，把表面力转化为体积力，通过添加动量方程源项的方式加到匙孔的自由表面上。

表面张力 σ 与温度 T 关系式[72]：

$$\sigma(T)=\sigma_m-\Gamma(T-T_m) \tag{2-89}$$

式中，σ_m 为温度在熔化温度 T_m 时的表面张力系数；Γ 表示表面张力温度系数梯度。

表 2-4 焊接电弧模型的边界条件

边界	P/Pa	u/(m·s^{-1})	v/(m·s^{-1})	T/K	ϕ/V	A_x	A_y
BC	-	0	0	300	0	$\frac{\partial A_x}{\partial x}=0$	$\frac{\partial A_y}{\partial x}=0$
CD	-	0	0	300	0	$\frac{\partial A_x}{\partial y}=0$	$\frac{\partial A_y}{\partial y}=0$
DF	-	0	$\frac{\partial v}{\partial x}=0$	$\frac{\partial T}{\partial x}=0$	$\frac{\partial \phi}{\partial x}=0$	$\frac{\partial A_x}{\partial x}=0$	$\frac{\partial A_y}{\partial x}=0$
FG	-	0	v_f	300	J_c	$\frac{\partial A_x}{\partial y}=0$	$\frac{\partial A_y}{\partial y}=0$
GH	1.01×10^5	0	$\frac{\partial v}{\partial y}=0$	300	$\frac{\partial \phi}{\partial y}=0$	$\frac{\partial A_x}{\partial y}=0$	$\frac{\partial A_y}{\partial y}=0$
HB	1.01×10^5	$\frac{\partial u}{\partial x}=0$	0	300	$\frac{\partial \phi}{\partial x}=0$	$\frac{\partial A_x}{\partial x}=0$	$\frac{\partial A_y}{\partial x}=0$

表 2-4 中，v_f 表示送丝速度。

自由表面能量条件为：

$$k\frac{\partial T}{\partial \boldsymbol{n}}=q_{\text{laser}}-q_{\text{evap}} \tag{2-90}$$

式中，q_{laser} 为自由面上激光束热流密度；q_{evap} 为因蒸发导致的热损失。

BC、CD 边界：

$$-k\frac{\partial T}{\partial x}=h(T-T_\infty)+\sigma_0\varepsilon(T^4-T_\infty^4) \tag{2-91}$$

$$u=0,v=0 \tag{2-92}$$

DE 边界：

$$\frac{\partial T}{\partial x}=0,u=0,\frac{\partial v}{\partial x}=0 \tag{2-93}$$

2.7 计算程序的数值解法

2.7.1 有限体积法

对于在求解区域内所建立的偏微分方程，理论上是有真解的，但由于所处理问题自身的复杂性，一般很难获得方程的真解。因此，需要通过数值方法把偏微分方程进行离散，从而建立一组代数方程组，然后通过求解代数方程组来求解。

在本书中,计算区域的网格划分类型是结构网格,图 2-5 是一个在二维结构网格问题上使用有限体积法的示意图。网格中实线的交点是计算节点,由虚线所围成的小方格是控制体积。将控制体积的界面放置在两个节点中间的位置,从而每个节点由一个控制体积所包围。

假定用 P 来标识一个广义的节点,其东西两侧的相邻节点分别用 E 和 W 标识,南北两侧的相邻节点分别用 S 和 N 标识,与各节点对应的控制体积也用相应字符标识。控制体积的东西南北四个界面分别用 e、w、s 和 n 标识。控制体积在 x 和 y 方向的宽度分别用 Δx 和 Δy 表示,控制体积的体积值 $\Delta V=\Delta x\times\Delta y$。节点 P 到 E、W、S 和 N 的距离分别用 $(\delta x)_e$、$(\delta x)_w$、$(\delta y)_s$、$(\delta y)_n$ 表示,如图 2-5 所示。

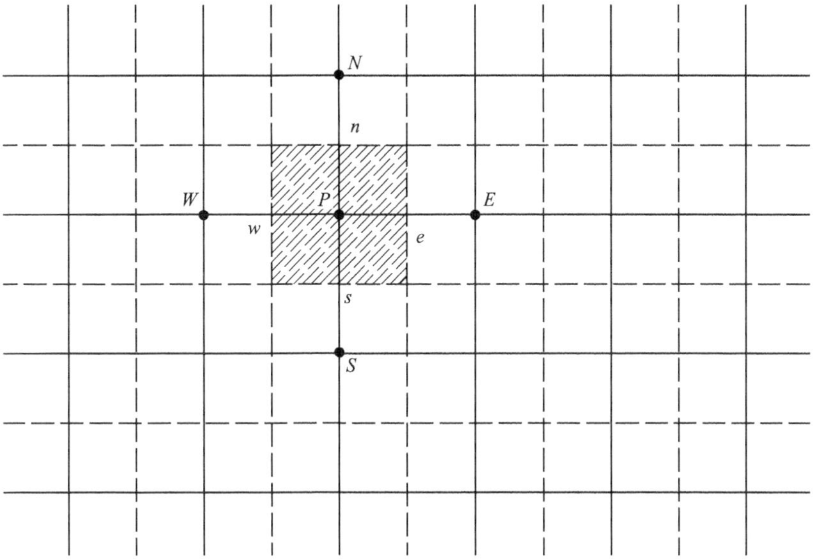

图 2-5　计算网格及控制体积

2.7.2　控制方程的积分

在节点 P 控制体积 ΔV 及时间段 Δt(时间从 t 到 $t+\Delta t$)上积分控制方程,有:

$$\int_t^{t+\Delta t}\int_{\Delta V}\frac{\partial(\rho\phi)}{\partial t}\mathrm{d}V\mathrm{d}t+\int_t^{t+\Delta t}\int_{\Delta V}\mathrm{div}(\rho\boldsymbol{u}\phi)\mathrm{d}V\mathrm{d}t$$
$$=\int_t^{t+\Delta t}\int_{\Delta V}\mathrm{div}(\Gamma\mathrm{grad}\phi)\mathrm{d}V\mathrm{d}t+\int_t^{t+\Delta t}\int_{\Delta V}S\mathrm{d}V\mathrm{d}t \tag{2-94}$$

为了得出上式中对流项及扩散项的体积分,现引入 Gauss 散度定理[74]:

$$\int_{\Delta V}\mathrm{div}(\boldsymbol{a})\mathrm{d}V=\int_{\Delta S}\boldsymbol{v}\cdot\boldsymbol{a}\mathrm{d}S=\int_{\Delta S}v_i a_i\mathrm{d}S \tag{2-95}$$

式中,ΔV 是三维积分域;ΔS 是与 ΔV 对应的闭合边界面;$\boldsymbol{a}$ 是任意矢量;$\boldsymbol{v}$ 是积分体的面元 $\mathrm{d}S$ 的表面外法线单位矢量;a_i 和 v_i 是矢量 $\boldsymbol{a}$ 和 $\boldsymbol{v}$ 的分量。

1. 瞬态项

在处理瞬态项时,假定物理量 ϕ 在节点 P 的整个控制体积上均具有节点处的值 ϕ_P,同时假定密度 ρ 在时间段 Δt 上的变化量极小,则式(2-94)中的瞬态项变为:

$$\int_t^{t+\Delta t}\int_{\Delta V}\frac{\partial(\rho\phi)}{\partial t}\mathrm{d}V\mathrm{d}t=\int_{\Delta V}\left[\int_t^{t+\Delta t}\rho\frac{\partial\phi}{\partial t}\mathrm{d}t\right]\mathrm{d}V=\rho_P^0(\phi_P-\phi_P^0)\Delta V \tag{2-96}$$

式中，上标 0 表示物理量在时刻 t 的值，而在 $t+\Delta t$ 时刻的物理量没有用上标来标记，下标 P 表示物理量在控制体积的节点 P 处取值。

2. 对流项

根据 Gauss 散度定理，将体积分转变为面积分后，有：

$$\int_t^{t+\Delta t}\int_{\Delta V}\mathrm{div}(\rho\boldsymbol{u}\phi)\,\mathrm{d}V\mathrm{d}t=\int_t^{t+\Delta t}[(\rho u\phi A)_e-(\rho u\phi A)_w+(\rho u\phi A)_n-(\rho u\phi A)_s]\,\mathrm{d}t$$
$$=\int_t^{t+\Delta t}[(\rho u)_eA_e\phi_e-(\rho u)_w\phi_wA_w+(\rho v)_n\phi_nA_n-(\rho v)_s\phi_sA_s]\,\mathrm{d}t \tag{2-97}$$

式中，A 是控制体积界面的面积。

3. 扩散项

根据 Gauss 散度定理，将体积分转变为面积分后，有：

$$\int_t^{t+\Delta t}\int_{\Delta V}\mathrm{div}(\Gamma\mathrm{grad}\phi)\,\mathrm{d}V\mathrm{d}t$$
$$=\int_t^{t+\Delta t}\left[\left(\Gamma\frac{\partial\phi}{\partial x}A\right)_e-\left(\Gamma\frac{\partial\phi}{\partial x}A\right)_w+\left(\Gamma\frac{\partial\phi}{\partial x}A\right)_n-\left(\Gamma\frac{\partial\phi}{\partial x}A\right)_s\right]\mathrm{d}t \tag{2-98}$$
$$=\int_t^{t+\Delta t}\left[\Gamma_eA_e\frac{\phi_E-\phi_P}{(\delta x)_e}-\Gamma_wA_w\frac{\phi_P-\phi_W}{(\delta x)_w}+\Gamma_nA_n\frac{\phi_N-\phi_P}{(\delta y)_n}-\Gamma_sA_s\frac{\phi_P-\phi_s}{(\delta y)_s}\right]\mathrm{d}t$$

注意，在上式中使用了中心差分格式来离散界面上的 ϕ 值。这是有限体积法中的一贯做法。在推导离散方程时，无论对流项采用何种离散格式，扩散项总是用中心差分格式离散。

4. 源项

源项 S 是一个广义量，代表那些不能包括到控制方程的非稳态项、对流项与扩散项中的所有其他各项之和。应用较广泛的处理方法是把源项局部线性化，即假定在未知量微小的变动范围内，源项 S 可以表示成该未知量的线性函数。在 P 控制体积 Δv 内，可以表示为：

$$S=S_C+S_P\phi_P \tag{2-99}$$

式中，S_C 为常数部分；S_P 为 S 随 ϕ 变化的斜率。

根据源项线性化的公式：

$$\int_t^{t+\Delta t}\int_{\Delta V}S\mathrm{d}V\mathrm{d}t=\int_t^{t+\Delta t}S\Delta V\mathrm{d}t=\int_t^{t+\Delta t}(S_C+S_P\phi_P)\Delta V\mathrm{d}t \tag{2-100}$$

2.7.3 控制方程的离散

在方程(2-94)各项的单独表达后，下一步需要做两方面的工作：

第一，在对流项中需要引入一阶迎风格式将式(2-97)中界面物理量 ϕ_e、ϕ_w、ϕ_n 和 ϕ_s 用节点物理量来表示。

第二，在对流项、扩散项和源项中引入全隐式的时间积分方案，例如 $\int_t^{t+\Delta t}\phi_P\mathrm{d}t=\phi_P\Delta t$ 。

这样，方程(2-94)变为：

$$a_P\phi_P=a_w\phi_w+a_E\phi_E+a_S\phi_S+a_N\phi_N+b \tag{2-101}$$

这就是在全隐式时间积分方案下得到的二维瞬态对流-扩散问题的离散方程。式中，系数 a_E、a_N、a_S、a_W 取决于在对流项中引入的离散格式。

2.7.4　SIMPLE 算法

通用控制方程的数值解法本质就是对离散后的控制方程组的求解，求解方法分为分离式解法（segregated method）和耦合式解法（couple method）。本书采用分离式解法中的压力耦合方程组的半隐式方法（SIMPLE 算法）。

SIMPLE（semi-implicit method for pressure-linked equations）意为求解压力耦合方程组的半隐式方法，该方法由 Patankar 和 Spalding[75] 于 1972 年提出，是一种主要用于求解不可压缩流场的数值方法。

SIMPLE 算法的基本思路为：假定初始压力场，利用压力场求解离散形式的动量方程，得出速度场。因为压力场是假定的或不精确的，由此得到的速度场一般不满足连续方程，因此，必须对给定的压力场加以修正。修正的原则是：与修正后的压力场相对应的速度场能满足这一迭代层次上的连续方程。据此原则，把由动量方程的离散形式所规定的压力与速度的关系代入连续方程的离散形式，从而得到压力修正方程，由压力修正方程得出压力修正值。接着，根据修正后的压力场，求得新的速度场。然后检查速度场是否收敛。若不收敛，用修正后的压力值作为给定的压力场，开始下一层次的计算。如此反复，直到获得收敛的解。

2.7.5　控制方程的解法与收敛标准

针对各种宏观传输控制微分方程，采用以上离散方法，即可获得相应的非线性代数方程组，其计算量相当庞大，且需要考虑（与控制变量相关的）各个离散系数的变化。本书采用 TDMA（三对角矩阵算法）逐行扫描方法，对各离散代数方程组进行了迭代求解。另外，考虑到代数方程组的强烈非线性特征，在迭代求解过程中对部分控制变量进行了欠松弛处理，其中，动量方程的欠松弛因子取为 0.7，体积分数方程欠松弛因子取为 0.9，压力方程的欠松弛因子取为 0.3，对其他变量的欠松弛因子则取为 1。

在计算迭代过程中，当各物理量残差值都达到收敛标准时，计算就会发生收敛。本书针对各控制变量的迭代运算，采用相应的残余总和 R_ϕ 来作为判断计算是否收敛的参考量，其定义式如下：

$$R_\phi = \sum_{i=1}^{\text{Node}} \left| \phi_i - \phi_i^* \right| \tag{2-102}$$

式中，Node 为模型计算域的离散节点总数；i 为当前计算的节点号；ϕ 和 ϕ^* 分别为控制变量的当前迭代值和上一步迭代值。当各个控制变量的残余总和均小于收敛标准时，即可认为满足收敛条件并进而终止迭代循环。除了能量残差值外，当所有变量的残差值降到低于 10^{-3} 时，就认为计算收敛，而能量的残差值的收敛标准为低于 10^{-6}。

2.7.6　自由表面重构方法

两相之间界面的追踪，采用多相流理论。由于相界面及其随时间的迁移、变形、破碎与融合等复杂变化，使两相流的流动特性比单相流复杂得多，因此要实现两相流的数值计算，要有一套描述多相流界面动力的方法。对于气/液之间界面的移动问题，研究者已提出多种计算方法。如相界面追踪的 PIC（particе-in-cell）法、MAC（marker and cell）法、Level Set 方法和 VOF 方法等。

PIC 法最早由 Los Alamos 实验室的 Harlow[76-78] 等人提出的，主要是为了解决气/液自由界面的动力学问题。基本思想是：把含有多种介质的流动所通过的区域用欧拉法分成有限个网格，每个网格中的每种流体，用一组特定的离散化拉格朗日质点表示。

不难看出，PIC 方法中，需要对计算区域内每个空间位置上的流体质点进行跟踪，并储存各种动力学数据，因此对计算机的计算性能及存储性能要求比较高。

MAC 法是早期 PIC 的改进，由 Harlow 和 Daly 于 1965 年提出的[79,80]。MAC 法把 PIC 方法中的质量、动量和能量的质点改为只有坐标位置而无质量的虚拟标记点，并忽略气体的存在。

Level Set 方法最初由 Osher 和 Fedkiw 提出[81,82]，主要应用于智能控制、图像处理、材料细微加工等领域。简单说来，Level Set 方法把低维的一些计算上升到更高一维，把 N 维的描述看成是 N+1 维的一个水平。

VOF 方法是定义这样一个体积分数 F，在有流体的点取值为 1，在无流体的点取值为 0。这样，在一个网格单元内，F 的平均值则代表单元内流体所占的份额。若 F 的均值为 1，则网格充满流体，若 F 的均值为 0，则为空网格，若 F 的均值在 0 和 1 之间，则网格为自由面网格。由于 VOF 法追踪的是网格中的流体体积，而不是追踪流体质点的运动，因而具有容易实现、计算量小和精度高等优点，并且可以处理自由面折叠、自由面入水等强非线性问题。

目前处理自由液面问题的方法主要是欧拉模型中的 MAC 法和 VOF 法，由于 MAC 法需要很大的计算机内存和计算工作量，并且对于非均匀流场在网格中会出现虚假的密度很高或很低的标记点，造成自由液面形状的失真。VOF 法则克服了上述不足，是目前研究自由液面问题的理想方法，并且大多数 CFD 软件都采用这种方法[83]。

为了更好地求解 VOF 方程，出现了许多界面重构方法。由已知的 VOF 函数构造出近似的运动界面，然后根据流体的输运特性构造下一时刻的 VOF 函数值。比较著名的是 Nichols 和 Hirt 提出的直线近似方法，在一个网格内，用水平或竖直的直线近似该网格内的界面；FLAIR 是两网格上斜率直线近似方法，就是在相邻的网格上用有斜率的直线近似界面；Young[84] 是单个网格内的斜直线近似，在单个网格上构造有斜率的直线逼近界面。

本书采用 Young 界面重构方法进行汽/液界面的追踪，该方法是在单个网格内用斜直线段近似界面。如果汽/液两相的真实界面形状为图 2-6 中虚线所示，则利用 Young 界面重构方法得到的近似界面为图 2-6 中实线所示。

2.7.7 程序的编制与计算流程

激光深熔焊接过程传输方程的求解是利用大型计算流体动力学商用软件 FLUENT 6.3 来进行的，该软件具有向用户开放的接口程序 UDF(user-defined function)，通过该接口程序中编制的模块实现与主程序的衔接。

为了模拟激光深熔焊接过程传输现象，需要编制以 C/C++语言为基础的 UDF 程序，对 FLUENT 计算流体力学软件进行二次开发，以适应具体问题模拟的需要。如：定制边界条件，定义材料热物理性能和温度之间的关系，添加动量方程、能量方程的源项等。

在电弧模拟过程中，需要自定义标量，如电势，磁矢位等。编制 UDF 程序包括标量方程的边界条件，动量方程、能量方程的源项，物性参数随温度的变化等。

在气、液、固三相之间的传热、传质、相变等，都需要自己编制 UDF 程序，以适应实际问题求解的需要，部分源程序代码见附录 A。

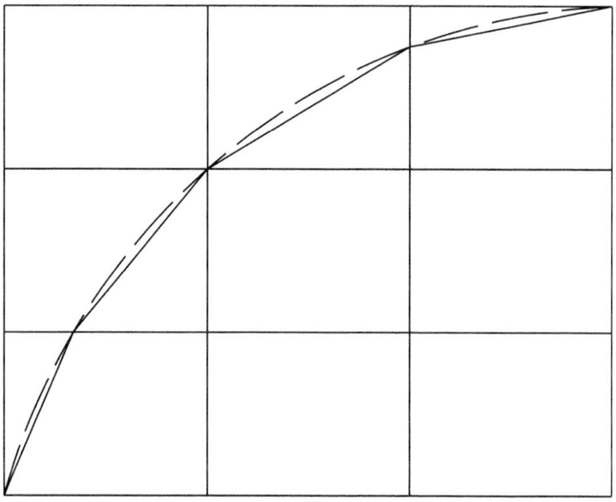

图 2-6　Young 界面重构示意图

整个前处理工作包括网格划分、几何形状确定等，采用 GAMBIT 软件，后处理采用 TECPLOT 软件处理。把 GAMBIT 软件建立的网格文件输送给 FLUENT。整个计算流程如图 2-7 所示。

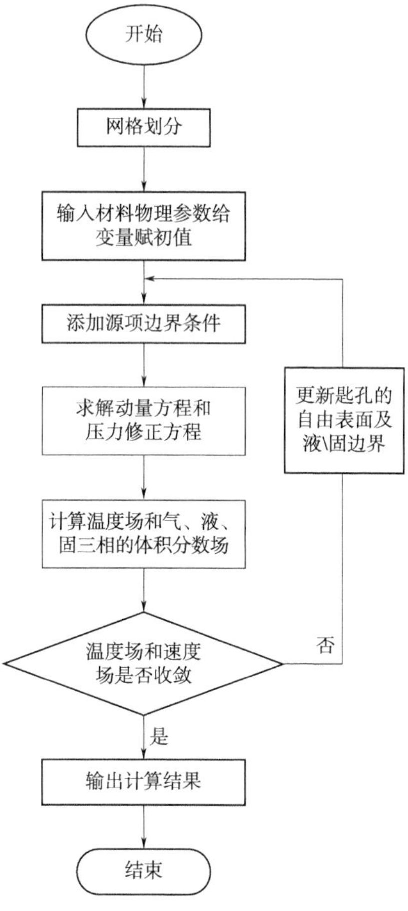

图 2-7　计算程序流程图

小　结

本章结合激光深熔焊接过程特点，建立了激光点焊、连续激光焊接以及激光-MIG 复合焊接过程的数学模型；详细分析了激光深熔焊接条件下的边界条件和数值解法；用附加源项的方法处理热边界条件和动量边界条件；用一般源项法处理相变潜热；从偏微分方程的离散化、求解过程的主要步骤等方面展开叙述。得到以下基本结论：

(1)应用流体动力学方程、多孔介质流方程及多相流方程，结合激光深熔焊接复杂的特点，建立了激光点焊、连续激光焊接以及激光-MIG 复合焊接过程的数学模型，并给了各自的边界条件和复杂源项。

(2)统一模型在区域内部节点的流场计算中采用了变渗透率的 Darcy 多孔介质方程和两相流理论方程，根据这一思想建立了适用整个计算域中固相区、液相区和等离子区的三相统一模型。

(3)采用两相流中的 VOF 方程追踪自由表面，并在此表面上施加液态金属蒸发产生的反冲压力边界条件。

(4)通过 UDF 程序定制边界条件，定义材料热物理性能和温度之间的关系，添加动量方程、能量方程的源项等。

(5)模拟中，采用了迎风格式处理动量方程的对流项，使用 SIMPLE 算法解决速度和压力之间的耦合问题。

第 3 章

脉冲激光深熔焊接过程传输现象的数值模拟

在第 2 章中，系统探讨了激光焊接的基本物理机制及热源特性，重点分析了热传导与匙孔效应对焊缝成形的差异化影响。然而，随着工业制造对精密焊接的需求日益增长，传统连续激光焊接在某些高精度场景中面临动态控制不足、热输入离散性高等挑战。脉冲激光深熔焊接技术凭借其高能量密度瞬时输出、热积累可控性强的特点，成为解决微连接、薄板焊接及异种材料接合等问题的关键工艺。与连续焊接不同，脉冲焊接通过离散化的能量脉冲实现局部熔池的快速形成与凝固，其瞬态传输现象涉及匙孔动态演化、光致等离子体作用及多重反射机制等复杂耦合过程，亟需通过数值模拟揭示其内在规律。本章聚焦脉冲激光深熔焊接过程，基于气、液、固三相统一模型，结合射线跟踪法与 VOF 自由表面追踪技术，定量解析熔池流场、温度场及匙孔几何特征的动态响应。通过对比 304 不锈钢的工艺试验数据验证模型的可靠性，旨在为优化脉冲参数、抑制气孔缺陷提供理论依据，推动该技术在微电子封装、医疗器械等精密制造领域的深度应用。

3.1 引　　言

激光脉冲焊接是指在同一位置上由单一的激光脉冲（t>1 ms）或一系列激光脉冲来熔化和连接焊件。激光脉冲焊接分为热导型和匙孔型两种方式。热导型点焊时激光仅能使金属熔化，但不能使金属气化，这种点焊方式比较适合焊接厚度小于 0.5 mm 的金属，如采用 Nd：YAG 激光点焊电子元件等。在激光深熔点焊中，激光可以通过匙孔直接入射到材料内，激光能量的利用率增加，可产生较大的熔深，如图 3-1 所示。

由于激光点焊速度快、深度大、变形小、能在室温或特殊的条件下焊接、焊接设备简单等特点，因此激光点焊广泛应用于传统焊接难以满足实际需要的各个工业领域。激光深熔点焊过程传输现象非常复杂，激光深熔焊接过程中，材料剧烈气化膨胀产生的压力将熔融材料抛出，形成匙孔。作用在匙孔内的力非常复杂，一般认为作用在匙孔壁面上的力主要是反冲压力和表面张力。匙孔效应对于加强激光焊接过程中对激光的吸收具有极其重要的作用，进入匙孔的激光束通过孔壁的多次反射几乎被完全吸收。据目前文献报道，在激光深熔焊接模拟时大多采用体热源，且没有计算匙孔的变化过程。本章根据激光在匙孔中的传输机制，采用射线跟踪法产生热源，建立了激光深熔焊接过程中气、液、固三

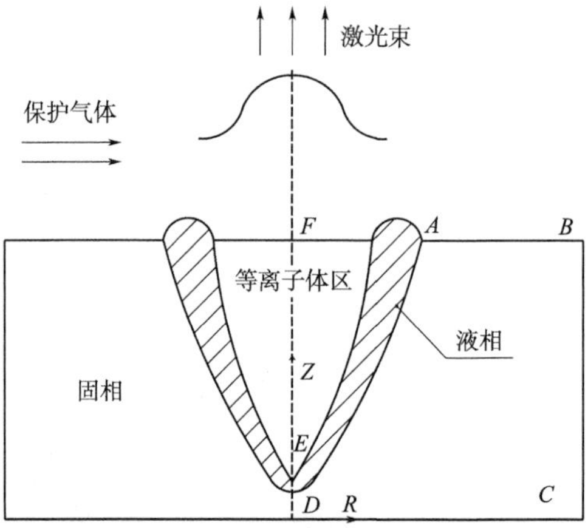

图 3-1　激光深熔焊接示意图

相的统一模型，并采用 VOF 法跟踪自由表面，考虑了匙孔表面的压力平衡，计算出了匙孔的动态变化过程与相应的流场分布和温度场分布。针对 304 不锈钢进行工艺试验，并进行比较分析，为今后模型的完善和分析焊接参数的影响提供理论指导。

3.2　网格划分与计算参数

激光深熔点焊焊接过程包含了传热、传质和流体流动等传输现象，过程比较复杂，影响因素众多，为了方便计算，作如下假设：

(1) 浮力项采用 Boussinesq 近似，其余项中密度为常数。

(2) 熔化区域(糊状区)局部保持热力学平衡。

(3) 糊状区域近似多孔介质。

用所建立的脉冲激光深熔焊过程气、液、固三相统一的数学模型，对宽为 3 mm、厚度为 2.5 mm 的 304 不锈钢被焊接试验工件进行模拟计算。304 不锈钢热物理性能参数如表 3-1 所示，等离子气体热物性参数如表 3-2 所示。焊接使用 CO_2 激光器，激光焦点半径为 0.02 mm，焦点平面位于工件的上表面，其上能量密度假定为高斯函数分布。求解传输方程及自由表面追踪方程由 FLUENT CFD 软件完成，计算区域 3 mm×3 mm，网格 150×150，采用有限体积法(FVM)离散控制方程，SIMPLE 算法处理速度与压力的耦合关系。对计算域的网格剖分，考虑了焊接热流方向、温度梯度变化情况及对称性。

表 3-1　304 不锈钢热物理性能参数与过程系数

名　称	符　号	数　值
液相线温度/K	T_l	1 727
固相线温度/K	T_s	1 670
气相线温度/K	T_g	3 200
固相密度/(kg · m^{-3})	ρ_s	7 200
液相密度/(kg · m^{-3})	ρ_l	6 900
固相比热容/(J · kg^{-1} · K^{-1})	c_s	700

续表

名　　称	符　号	数　值
液相比热容/($J \cdot kg^{-1} \cdot K^{-1}$)	c_l	780
固相热导率/($W \cdot m^{-1} \cdot K^{-1}$)	k_s	22
液相热导率/($W \cdot m^{-1} \cdot K^{-1}$)	k_l	22
动力黏度/($kg \cdot m^{-1} \cdot s^{-1}$)	μ	0. 006
表面张力系数/($N \cdot m^{-1} \cdot K^{-1}$)	$d\sigma/dT$	4. 3E-3
熔化潜热/($J \cdot kg^{-1}$)	L_m	2. 47E5
蒸发潜热/($J \cdot kg^{-1}$)	L_v	6. 34E6
热膨胀系数/(K^{-1})	β	4. 95E-5
初始温度/K	T_0	300
表面张力/($N \cdot m^{-1}$)	σ	1. 2

表 3-2　等离子气体热物性参数

名称	比热/($J \cdot kg^{-1} \cdot K^{-1}$)	热导率/($W \cdot m^{-1} \cdot K^{-1}$)	动力黏度/($kg \cdot m^{-1} \cdot s^{-1}$)	密度/($kg \cdot m^{-3}$)
数值	49. 0	3. 74	0. 006	0. 06

3. 3　计算结果与分析

假定激光深熔焊接母材是 304 不锈钢，焊接材料高为 2. 5 mm，宽为 3. 0 mm。传输方程中所用热物理性能参数和过程系数见表 3-1。在母材上表面处即是焦点平面，其上的能量密度假定为高斯函数分布。计算参数：激光功率为 2 000 W，焦点半径 0. 2 mm。

3. 3. 1　匙孔的形成

匙孔形成过程如图 3-2 所示，在加热初期(t<1. 5 ms)，激光束主要用来加热金属基体。随着金属基体表面温度的升高，激光束下方开始出现小小的熔池，此时的金属熔池自由表

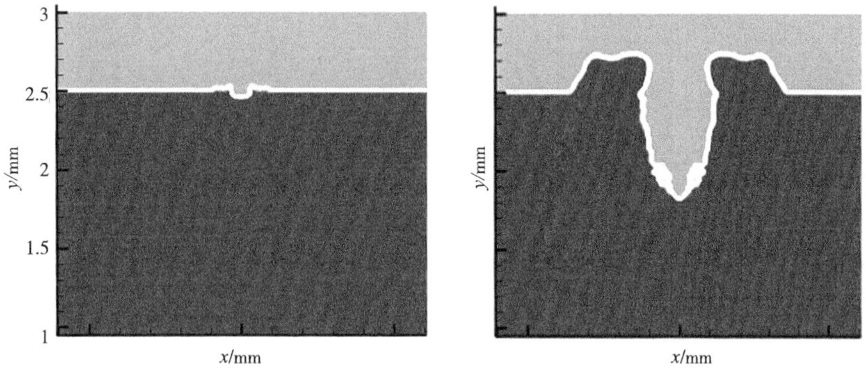

图 3-2　激光深熔点焊匙孔形成过程

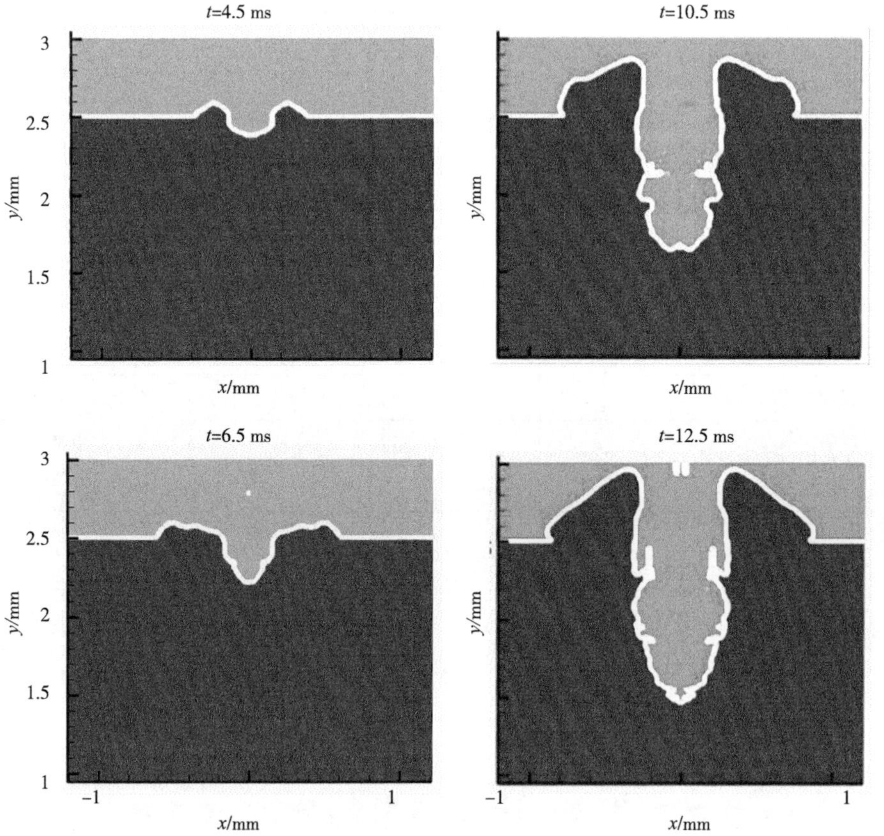

图 3-2　激光深熔点焊匙孔形成过程(续)

面为水平面,激光束部分能量以非涅耳吸收方式被工件表面吸收,其余能量被反射掉,传导是这个阶段热传递的主要方式。

随着激光束辐照时间的加长,熔池表面温度急速升高,如图 3-3 所示。因激光束能量以高斯分布,所以沿着熔池自由表面出现大的温差,从而导致出现比较大的与温度梯度相关的马兰戈尼剪切应力。当表面张力温度梯度系数为负值时,马兰戈尼剪切应力驱动液态金属向中心流动,并在中心线附近发生转向而流向熔池底部,把激光束能量大部分带入熔池

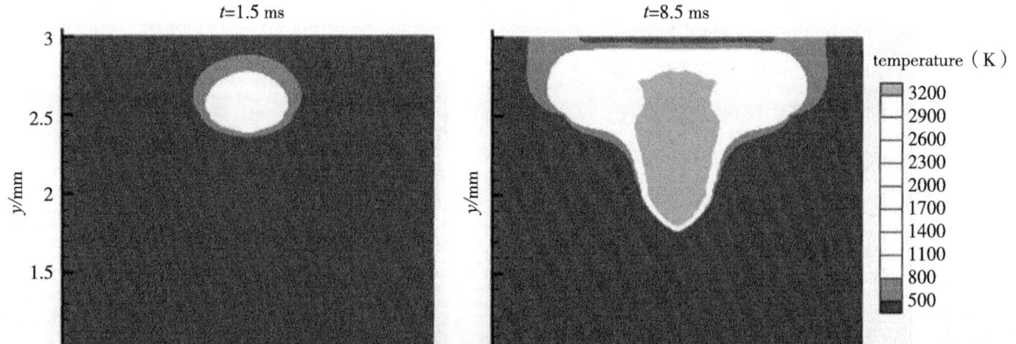

图 3-3　匙孔形成过程相应的温度分布

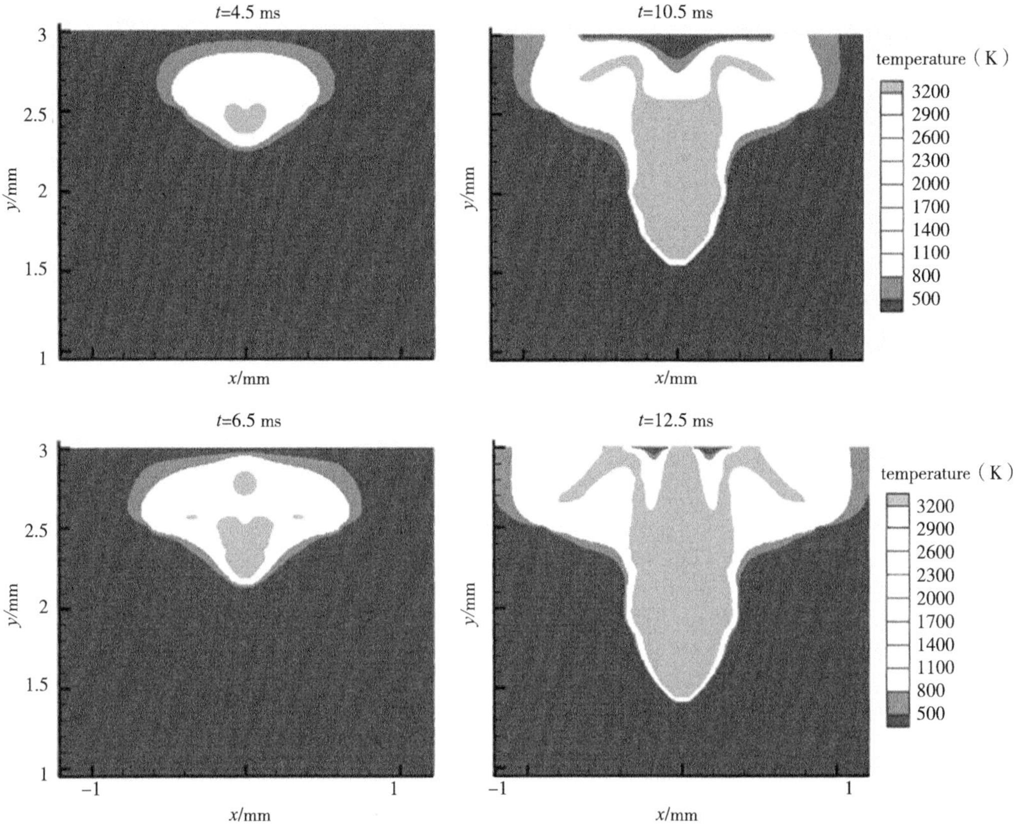

图 3-3　匙孔形成过程相应的温度分布(续)

内,形成向内的涡流,加速了熔池中心部位的熔化,如图 3-4 所示。此外,较高的表面温度产生较大的反冲压力,反冲压力把金属推向熔池内部,使得气/液界面向下移动。在表面张力和马兰戈尼剪切应力的作用下,液态金属沿着匙孔壁面被向外挤,这将加速匙孔的形成。当焊接熔池自由表面向下运动($t=4.5$ ms)时,匙孔正式形成。

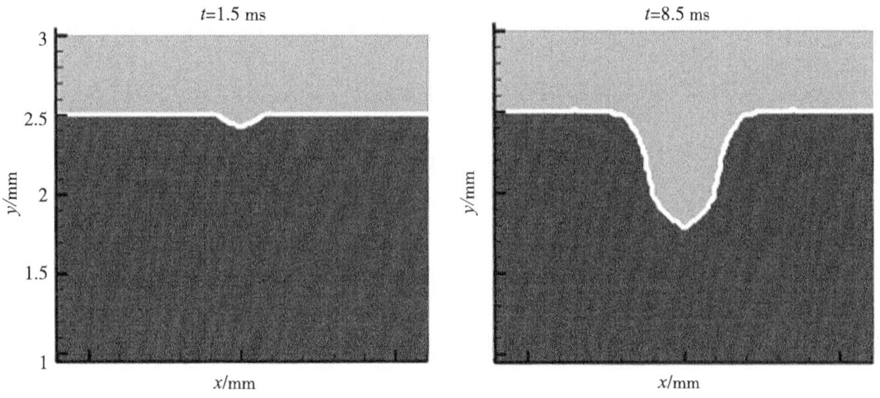

图 3-4　匙孔形成过程相应的熔池轮廓

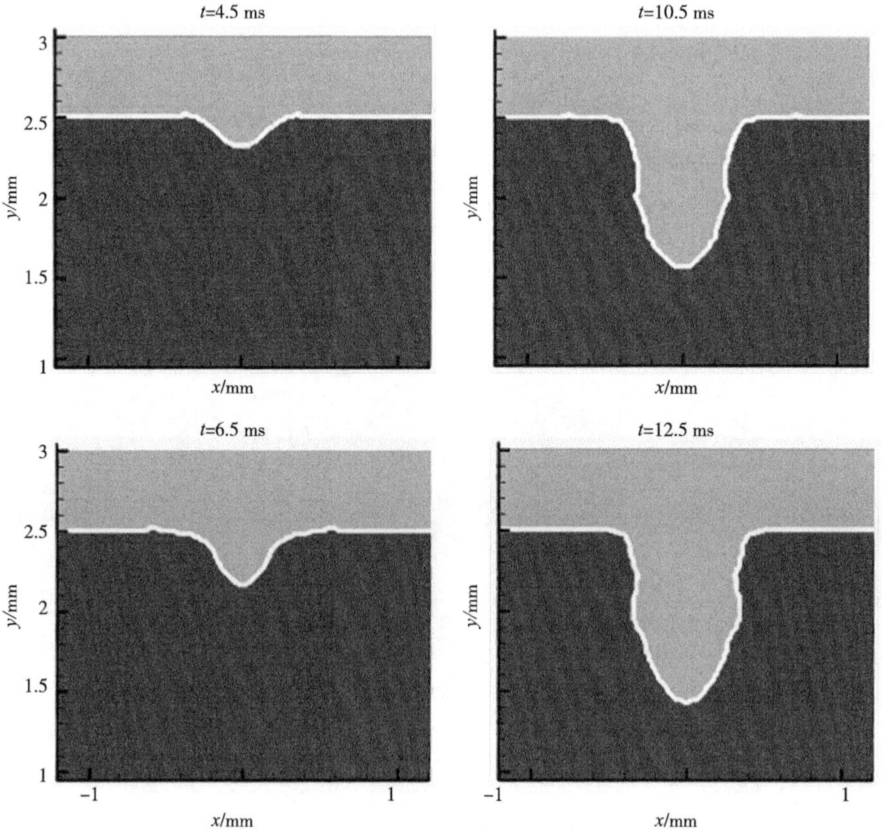

图 3-4　匙孔形成过程相应的熔池轮廓(续)

3.3.2　光致等离子体与多重反射

匙孔形成过程中相应的温度分布如图 3-3 所示。一旦匙孔形成(t=4.5 ms),里面将会有金属蒸气,激光入射光束和金属蒸气相互作用,激光束的部分能量将被吸收。由于蒸气的热容是相当小的,因此金属蒸气的温度升高相当快。当蒸气温度超过 8 000 K[85],蒸气会产生电离,形成光致等离子体。光致等离子体的物理属性与之前的蒸气有很大不同,它会通过逆韧致(IB)吸收更多的激光束能量。

匙孔的形成提高了金属材料通过多重反射机制对光束能量的吸收。最初,熔池接近平面,当激光辐照平面,光束部分能量以菲涅耳方式被吸收,大部分光束能量被反射掉。然而,匙孔形成后,其表面不是平的,部分入射光线在匙孔表面发生多次反射,进入匙孔的激光束通过匙孔壁的多次反射几乎被完全吸收,因此在匙孔壁面产生更大的反冲压力。此外,随着匙孔变深(见图 3-2),参与多重反射的光线与反射次数会逐渐增加。当反射光线通过等离子时,部分能量被等离子以逆韧致(IB)方式吸收,等离子温度快速升高。

激光诱导的光致等离子体对匙孔形成起到双重作用,逆韧致吸收系数随着光致等离子体的温度升高而增大。因此,等离子体出现,它的温度升高非常快,如图 3-3 所示。高温等离子体把匙孔和保护气体分开,这对降低匙孔自由表面的热损失非常有利。此外,高温等离子体还可以通过辐射对匙孔壁面加热。一旦匙孔出现,激光打孔的速度是非常快的,大致时间在 4.5 ms 与 8.5 ms 之间。

当光致等离子温度超过 10 000 K 时，如图 3-5 所示，逆韧致（IB）吸收系数随着温度升高而降低[86]。匙孔形成之后，激光束进入匙孔，由于多重反射的缘故，将会有更多的激光能量被吸收。

金属材料表面从熔化开始气化，气化物聚集在材料表面附近并微弱的电离形成等离子体，进一步加长辐照时间，金属材料表面强烈气化，在较大的蒸气反冲作用力下，熔化的金属内部形成匙孔，匙孔的存在有利于金属材料对激光的吸收。

此外，随着匙孔的逐渐变深，多重反射的概率和反射次数在增加。当反射光线穿过等离子区时，激光束能量也被等离子吸收，等离子吸收激光束能量后，温度升高迅速。

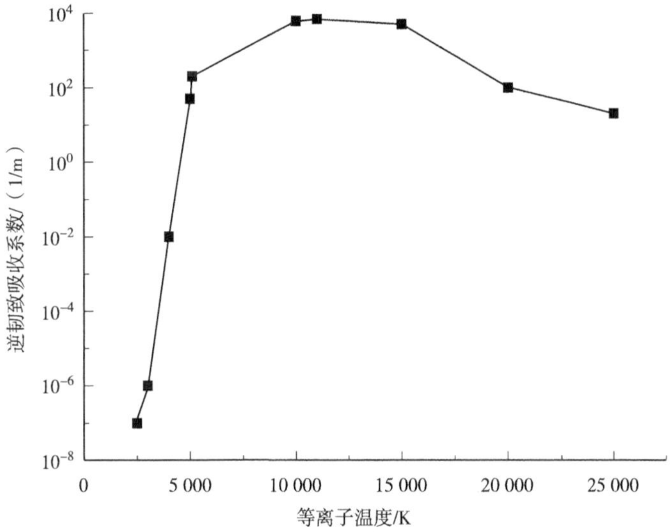

图 3-5　逆韧致吸收系数与等离子温度之间的关系

3.4　试验验证

为了验证数学模型的有效性，进行了激光深熔点焊试验。试验工艺参数（激光功率、焦点半径、焊接材料热物理属性等）与计算模拟的输入参数严格一致。观察焊缝在光学显微镜下的横截面形貌，并通过显微镜测量焊缝各个部位的宽度以作比较。

表 3-3 列出了 $t=8.5$ ms 时，CO_2 激光焊接不锈钢合金得到的焊缝横截面尺寸计算模拟值和试验实际测量值的对比。从表中数据可以看出，焊缝横截面熔深、熔宽部位的模拟计算值和实际测量值相近，通过模型计算出的熔深为 0.78 mm，试验中测得的值为 0.80 mm。焊缝宽度为 0.86 mm，模拟值为 0.90 mm。焊缝中熔深、熔宽和计算值有些不同，计算出来的值要比测量值大一些。横切面上实际熔池轮廓图（$t=8.5$ ms）和计算出的熔池形状对比见图 3-6，通过图 3-6 可以看出，计算出的熔池形状和实际熔池形状非常接近，但也存在些许差别，如熔线向右，但是预测值有点向上。出现这种计算值和试验结果之间的差异，可能是输入激光焊接参数的原因导致的，如激光功率、焊接参数、焊接时间、保护气体等。总体而

言，计算出的焊缝尺寸与试验测量值吻合比较好，计算结果基本反映了焊缝熔化区的形状规律。

表 3-3　焊缝模拟值与测量值的对比

项目	熔深 H/mm	熔宽 B/mm
测量值	0.80	0.90
模拟值	0.78	0.86

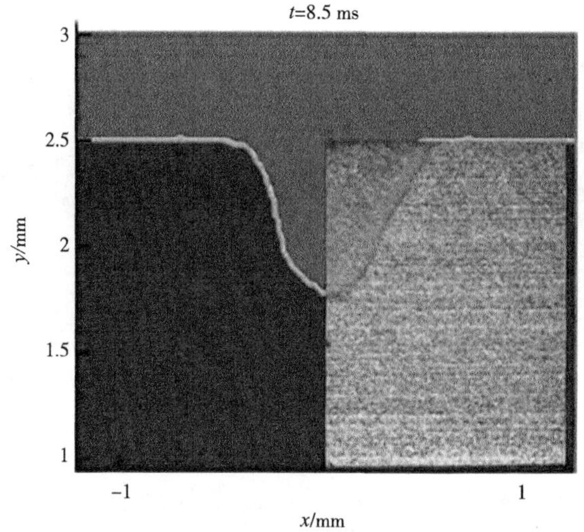

图 3-6　试验与计算焊缝形状对比

3.5　激光功率对匙孔几何尺寸的影响

激光深熔焊分为部分深熔焊和完全深熔焊两种。前者指的是产生激光匙孔但没有穿透母材，后者指的是匙孔贯穿板厚。在部分深熔焊过程中，焊缝很容易产生工艺气孔，或者称之为“孔隙”(porosity)。孔隙产生的原因很多，匙孔的不稳定性就是重要原因之一[87-92]。匙孔壁保持张开状态，需要两个基本条件：一个能量条件，一个压力条件。从能量交换的分析来看，匙孔壁的稳定性要靠匙孔壁内外的能量平衡来实现。从已有的资料看，匙孔内的气流和激光束流是通过匙孔壁的菲涅耳吸收机制以及匙孔内等离子体直接接收激光束流的能量-逆轫致吸收机制，两种途径吸收激光能量，以克服匙孔壁外试图使得匙孔闭合的阻力，即表面张力以及熔池流体的静态压力和流动的动态压力之合力。脉冲激光焊接工艺参数较多，如焦点位置、激光功率、辅助气流流量等对匙孔形成过程有很大的影响。这一节，假定激光焦平面和被焊接工件的上表面重合、焦点半径为 0.2 mm 的情况下，从能量条件的角度研究激光功率变化对匙孔尺寸的影响。

图 3-7～图 3-9 分别表示激光功率 1 500 W、2 000 W、2 500 W 时，脉冲激光深熔焊接过程产生的匙孔形状(t=5 ms)。从图中可以看出，匙孔呈现直立的“手指”形状，激光功率越大，匙孔壁越垂直，同时匙孔熔深也在增加。

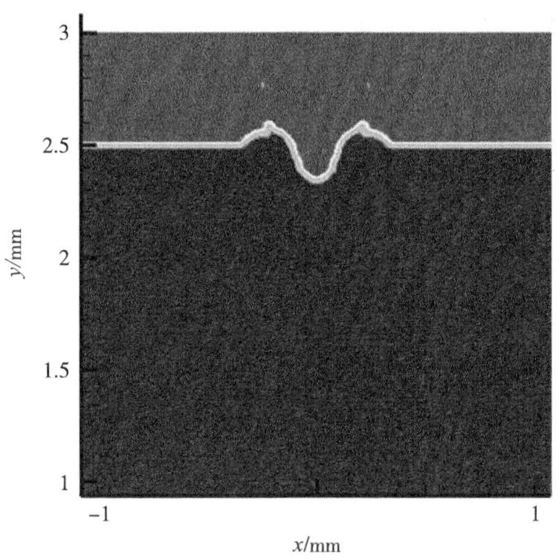

图 3-7　激光功率 1 500 W 时的匙孔形状

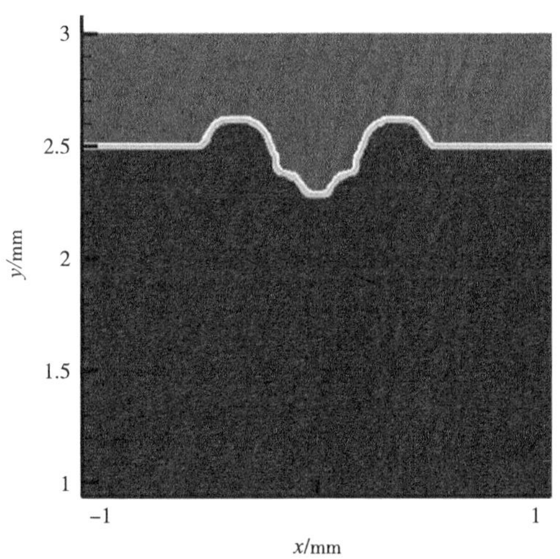

图 3-8　激光功率 2 000 W 时的匙孔形状

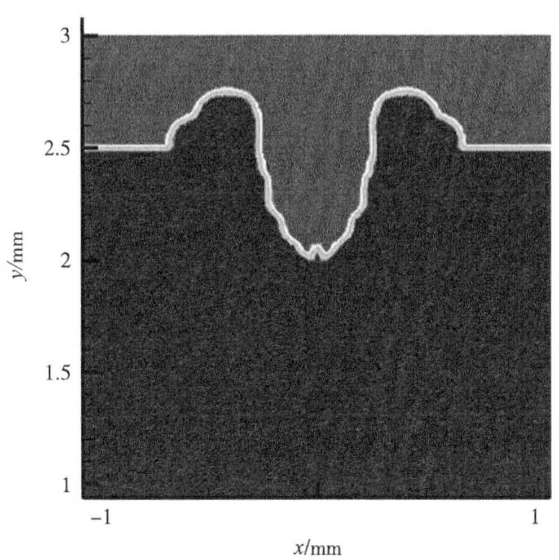

图 3-9　激光功率 2 500 W 时的匙孔形状

图 3-10 表示激光功率为 1 500 W、1 750 W、2 000 W、2 250 W、2 500 W 时，匙孔直径与激光功率之间的关系。从图中可以看出，匙孔直径随着激光功率增加而增大，但直径增长速率降低，说明同等条件下，增大激光功率，对匙孔直径影响减弱。

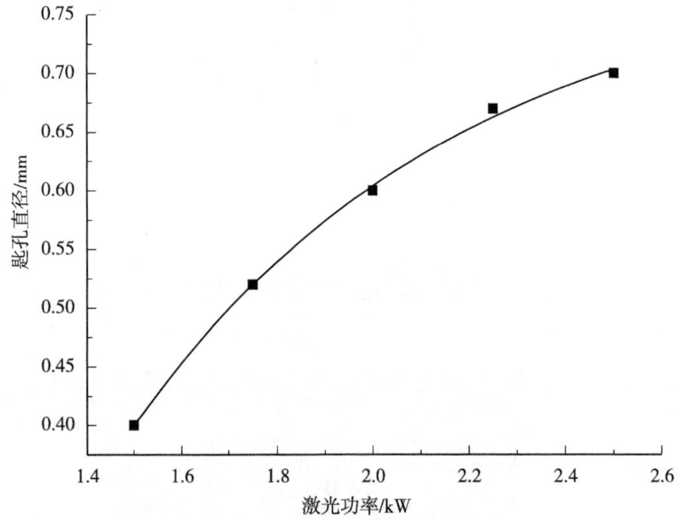

图 3-10　匙孔直径随激光功率的变化

通过数值计算出匙孔直径与激光功率之间的关系，并且进行曲线拟合，得到如下回归方程：

$$y=-3.48023\times\exp(-x/0.69136)+0.79704 \tag{3-1}$$

式中，x 为激光功率；y 为匙孔直径。这个方程可以为调节激光深熔焊接参数进行理论指导。

图 3-11 表示激光功率为 1 500 W、1 750 W、2 000 W、2 250 W、2 500 W 时，匙孔深度与激光功率之间的关系。从图中还可以看出，匙孔深度随着激光功率增加而增大，而且匙孔深度增长速率上升，说明同等条件下，增大激光功率，对匙孔深度影响加强，这是因为匙孔内光致等离子体的逆韧致吸收产生的结果。

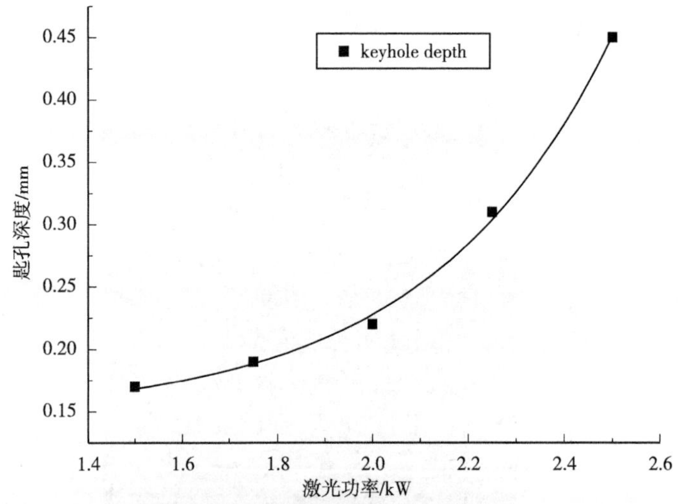

图 3-11　匙孔深度随激光功率的变化

通过数值计算出匙孔深度与激光功率之间的关系，并且进行曲线拟合，得到如下回归方程：

$$y=0.00208\times\exp(x/0.47537)+0.08411 \tag{3-2}$$

式中:x 为激光功率;y 为匙孔深度。这个方程可以通过激光功率来预知匙孔深度,同时也为激光深熔焊接工艺参数提供理论指导。

小　结

以建立的气、液、固三相统一的脉冲激光深熔焊接控制方程为基础,考虑自由表面的压力平衡和能量传输,分析了脉冲激光深熔焊接的物理过程,模拟了激光点焊的温度场和匙孔形成过程,模拟结果与实验结果基本吻合。基于以上研究,得到以下基本结论:

(1)基于已建立的气、液、固三相统一的数学模型,采用了 VOF 法追踪熔池与等离子间的自由表面,计算了匙孔的动态变化过程与其相应的温度分布。

(2)通过工艺试验获得的焊缝横切面形状与计算模拟结果基本吻合,说明建立的计算数学模型能够反映客观实际。

(3)相同条件下,匙孔直径随着激光功率增加而增大,但直径增长速率降低;匙孔深度随着激光功率增加而增大,而且匙孔深度增长速率上升。

第 4 章

连续激光深熔焊接过程传输现象的数值模拟

在第 3 章中,探讨了脉冲激光焊接的瞬态特性及其对熔池动态行为的影响,揭示了短时高能脉冲对匙孔形成与焊缝成形的关键作用。然而,工业制造中许多场景需要持续、稳定的热源输入以实现高效的大尺寸结构件焊接。连续激光深熔焊接技术因其能量输入连续可控、热影响区相对集中、熔深一致性高等特点,成为高精度焊接领域的重要发展方向。与脉冲焊接不同,连续激光焊接通过恒定的能量输出与工件运动速度的协同作用,形成动态平衡的匙孔及稳定的熔池流动模式,这对复杂流体传输现象的定量分析提出了更高要求。本章将聚焦连续激光深熔焊接过程,通过构建多物理场耦合模型,系统研究熔池内流场分布、温度梯度演变及匙孔动态行为的规律。结合对 304 不锈钢的工艺试验验证,旨在揭示反冲压力、表面张力与热浮力等驱动力对熔池动力学的协同作用机制,为优化连续激光焊接工艺参数、减少气孔与裂纹缺陷提供理论支撑,进一步推动该技术在航空航天、精密制造等领域的规模化应用。

4.1 引　　言

在连续激光深熔焊接过程中,激光束将金属母材加热到沸点后,产生强烈的蒸发,因蒸发产生的反冲压力把熔化金属挤向四周,最后形成了内部充满了金属蒸气和等离子体混合物、四周被熔化金属包围的激光匙孔。激光束以一定的焊接速度相对于工件运动,匙孔同时向前移动。与此同时,熔池金属流体绕过匙孔,从焊接熔池的前部流向熔池的后部。在热源离开之后,焊接熔池后部逐渐冷却,最终形成了焊缝,如图 4-1 所示。

连续激光深熔焊过程中的传输现象能够对焊缝形状及焊缝组织性能产生极为重要的影响。焊接熔宽、熔深、焊接宏观裂纹、焊接气孔、焊缝结晶组织、咬边、下塌、焊缝表面成形等都与焊接熔池中流体的对流有直接关系。因此,定量地研究焊接熔池中流体的传输现象具有极大的现实意义。

研究表明,连续激光深熔焊接过程中熔池内部流动复杂,熔池金属的流动,取决于熔化金属从焊接熔池的前部绕过匙孔流到熔池的后部,表面张力、重力、热浮力以及反冲压力是连续激光深熔焊接过程中考虑的主要驱动力。本章将考虑表面张力、重力、热浮力和反冲压力,应用数值模拟的方法,研究连续激光深熔焊熔池的流场分布、温度分布以及匙孔的动态形成过程,针对 304 不锈钢进行工艺试验,并进行比较分析,为今后模型的完善和分析焊接参数的影响提供理论指导。

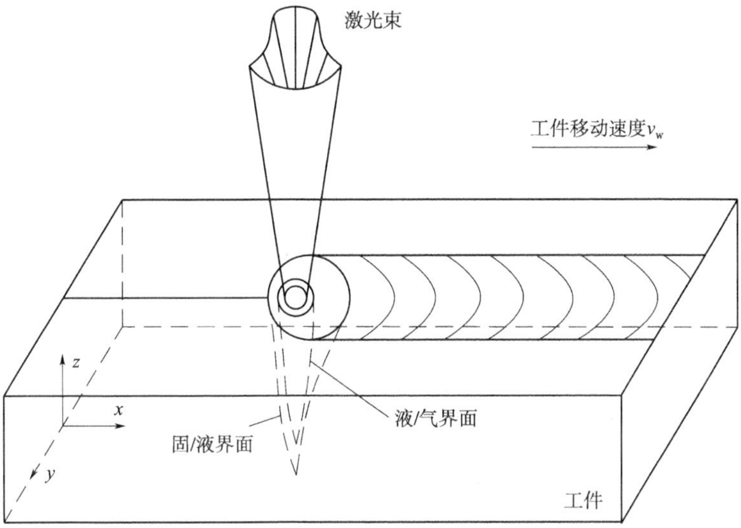

图 4-1　连续激光深熔焊接过程示意图

4.2　网格划分与计算参数

连续激光深熔焊接过程包含了传热、传质和流体流动等传输现象,过程比较复杂,影响因素众多,为了方便计算,作如下假设:

(1)浮力项采用 Boussinesq 近似,其余项中密度为常数。

(2)熔化区域(糊状区)局部保持热力学平衡。

(3)糊状区域近似多孔介质。

(4)焊接熔池的表面是自由表面,并采用多相流 VOF 方程追踪。

(5)熔化金属的流动形式为层流。

用所建立的连续激光深熔焊过程气、液、固三相统一的数学模型,对长为 5 mm、宽为 3 mm、厚度为 1 mm 的 304 不锈钢焊接试验工件进行模拟计算。304 不锈钢热物理性能参数与过程系数见表 4-1,匙孔中等离子体气体热物性参数见表 4-2。焊接使用 CO_2 激光器,激光焦点半径为 0. 02 mm,焦点平面位于工件的上表面,其上能量密度假定为高斯函数分布。求解传输方程组由 FLUENT CFD 软件求解器来完成,考虑焊接温度场、流场的对称性,计算时仅取计算域的一半,计算区域为 5 mm×3 mm×1. 5 mm,采用有限体积法(FVM)离散控制方程 SIMPLE 算法处理速度与压力的耦合关系。对计算域的网格剖分,考虑了焊接热流方向、温度梯度变化情况,离散化处理后为六面体单元。

表 4-1　304 不锈钢热物理性能参数与过程系数

名　称	符　号	数　值
液相线温度/K	T_l	1 727
固相线温度/K	T_s	1 670

续表

名　称	符　号	数　值
气相线温度/K	T_v	3 200
固相密度/($kg \cdot m^{-3}$)	ρ_s	7 200
液相密度/($kg \cdot m^{-3}$)	ρ_l	6 900
固相比热容/($J \cdot kg^{-1} \cdot K^{-1}$)	c_s	700
液相比热容/($J \cdot kg^{-1} \cdot K^{-1}$)	c_l	780
固相热导率/($W \cdot m^{-1} \cdot K^{-1}$)	k_s	22
液相热导率/($W \cdot m^{-1} \cdot K^{-1}$)	k_l	22
动力黏度/($kg \cdot m^{-1} \cdot s^{-1}$)	μ	0.006
表面张力系数/($N \cdot m^{-1} \cdot K^{-1}$)	$d\sigma/dT$	4.3E-3
熔化潜热/($J \cdot kg^{-1}$)	L_m	2.47E5
蒸发潜热/($J \cdot kg^{-1}$)	L_v	6.34E6
热膨胀系数/(K^{-1})	β	4.95E-5
初始温度/K	T_0	300
表面张力/($N \cdot m^{-1}$)	σ	1.2

表 4-2　等离子气体热物性参数

名称	比热/($J \cdot kg^{-1} \cdot K^{-1}$)	热导率/($W \cdot m^{-1} \cdot K^{-1}$)	动力黏度/($kg \cdot m^{-1} \cdot s^{-1}$)	密度/($kg \cdot m^{-3}$)
数值	49.0	3.74	0.006	0.06

4.3　焊接速度为 0.05 m/s 时的计算结果及试验验证

利用所建立的三维激光深熔焊接过程数学模型，对试件 304 不锈钢材料进行计算。数值计算中采用的激光加工参数为：激光功率为 3 200 W，焦点半径为 0.2 mm，焊接速度为 0.05 m/s，X 的正方向为工件的移动方向，即$-X$ 的方向为焊接方向。

4.3.1　焊接速度为 0.05 m/s 时的计算结果与分析

焊接速度为 0.05 m/s 时，连续激光深熔焊接过程中熔池、匙孔形成过程以及相应的温度分布如图 4-2 所示，由于对称关系，图中所示为焊接材料的一半。在加热初期(t<0.5 ms)，激光束能量主要是加热金属基体，此时的金属熔池自由表面为水平面，激光束部分能量以非涅耳吸收方式被熔池吸收，其余能量被反射掉，传导是这个阶段热传递的主要方式。

随着激光束辐照时间(2 ms)的加长，熔池表面温度急速升高，气化产生的反冲压力使得熔池表面发生弯曲，形成匙孔，熔池达到金属基体厚度的 1/3，当气化物聚集在材料表面附近并微弱地电离形成等离子体，进一步加长辐照时间，金属材料表面强烈气化，在较大的蒸气反冲作用力下，熔化的金属内部形成匙孔，匙孔的存在有利于金属材料对激光的吸收。

焊接时间达 10 ms 之后，熔池达到金属基体厚度的三分之二，出现椭圆形的熔池，匙孔前壁面的温度梯远大于后壁面。随着时间的持续，熔池逐渐达到稳定。

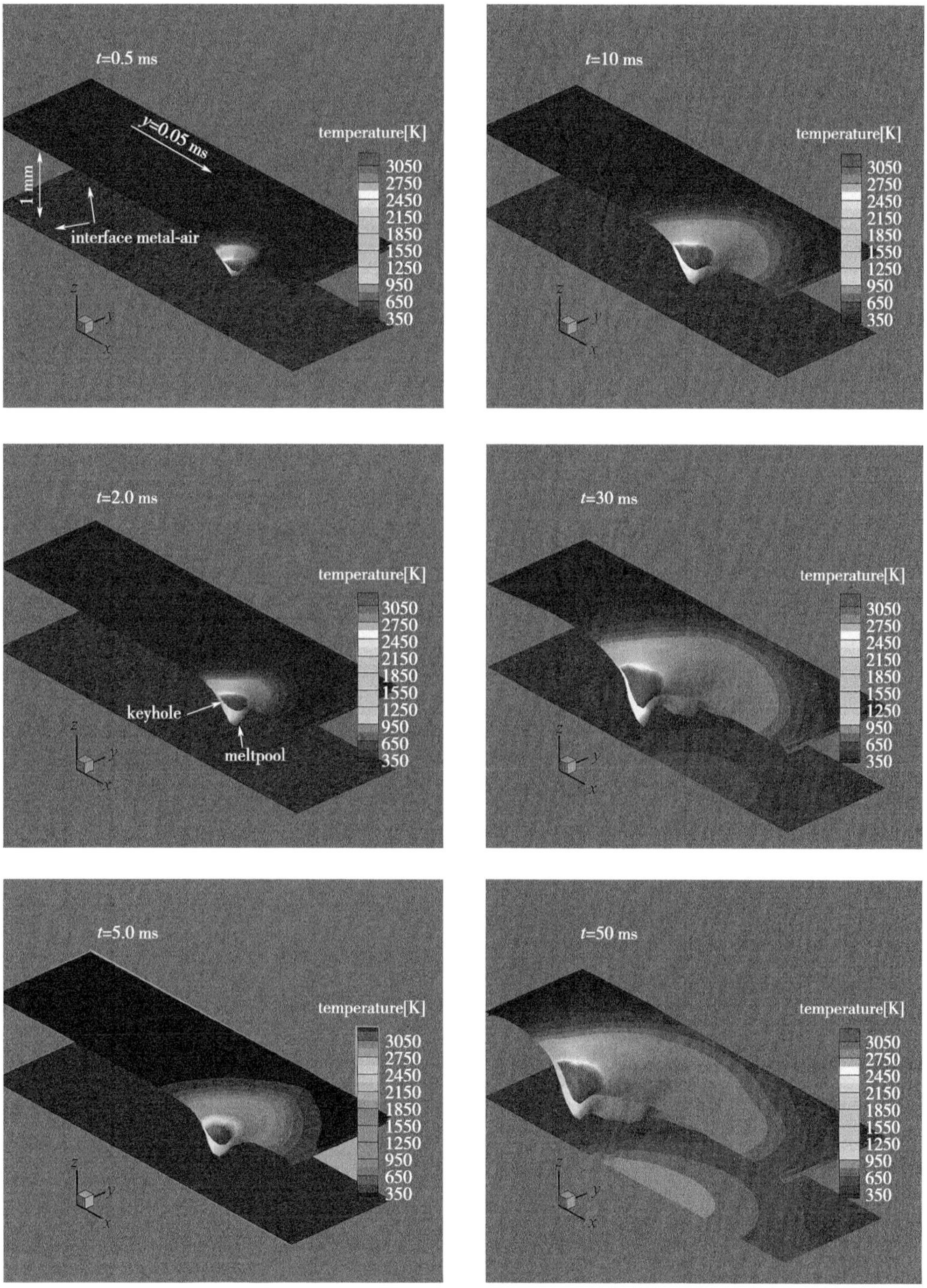

图 4-2　连续激光深熔焊接过程(焊接速度 0.05 m/s)

焊接时间达 30 ms 之后，深池熔深达到稳定，椭圆形的熔池形状清晰可见，匙孔前壁面比后壁面陡峭，匙孔前壁面的温度梯远大于后壁面。随着时间的持续，熔化了的材料重新在熔池尾部凝固，一条焊缝清晰可见。

连续激光深熔焊接过程熔池与匙孔的俯视图与正视图如图 4-3 所示。在图 4-3(a)中，匙孔与熔池略呈椭圆形状，大部分激光束照在匙孔的前壁面，在匙孔前壁面发生强烈的蒸发。在图 4-3(b)中，焊接熔池的前壁比较薄，熔池的后面比较大，匙孔前壁面的倾角比后壁面要大，气/液界面高于 3 200 K 时，将发生强烈的蒸发，这是与实验观察相一致的。在熔池的后部，蒸发并不强烈，同时随温度变化的自由表面的剪切应力将中心区的高温流体排向四周。

连续激光深熔焊接过程($t=40$ ms)中，焊接材料横切面(Y-Z 面)及对称面(X-Z 面)温度分布见图 4-4 所示。在面 4-4(a)中，激光束热源中心位置温度比其他位置要高很多，在面 4-4(b)，匙孔前壁的倾角比匙孔后壁大一些，大部分激光束照在匙孔的前壁面，气/液界面高于 3 200 K 时，在匙孔前壁面发生强烈的蒸发，在熔池的后部，蒸发并不强烈，随着激光束热源的向前移动，熔池后部温度逐渐降低。

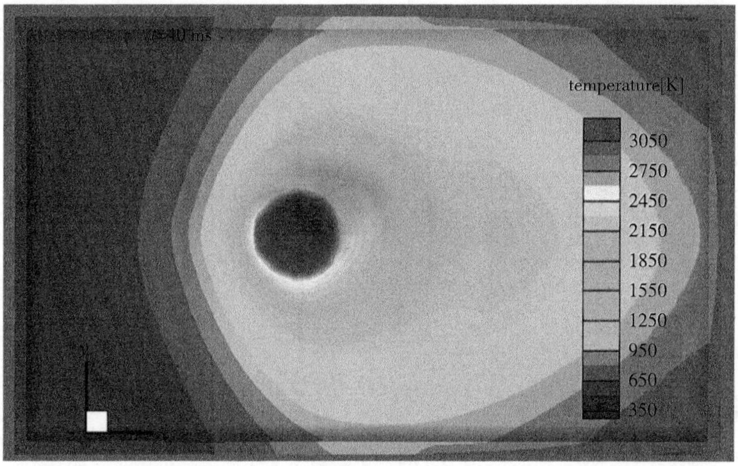

(a) 俯视图 (t=40 ms)

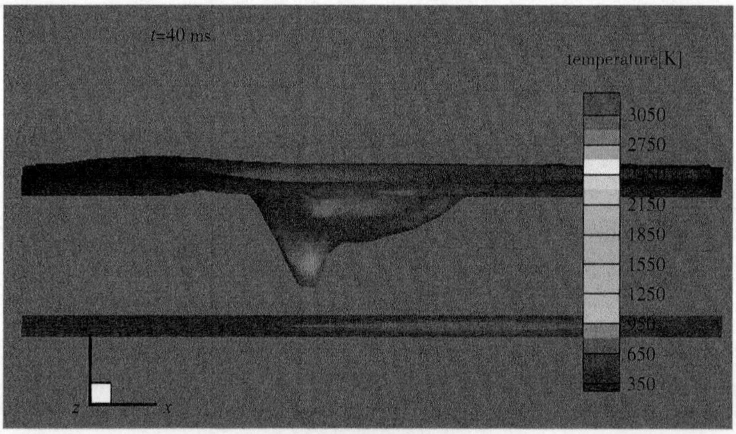

(b) 正视图 (t=40 ms)

图 4-3　连续激光深熔焊接熔池轮廓

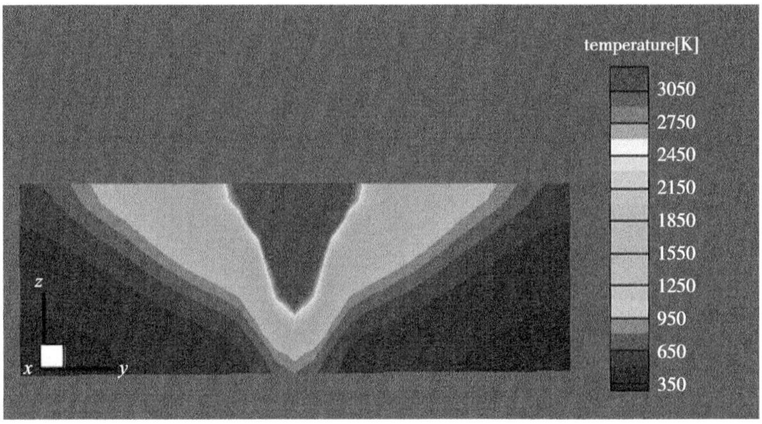

（a）横切面温度分布（t=40 ms）

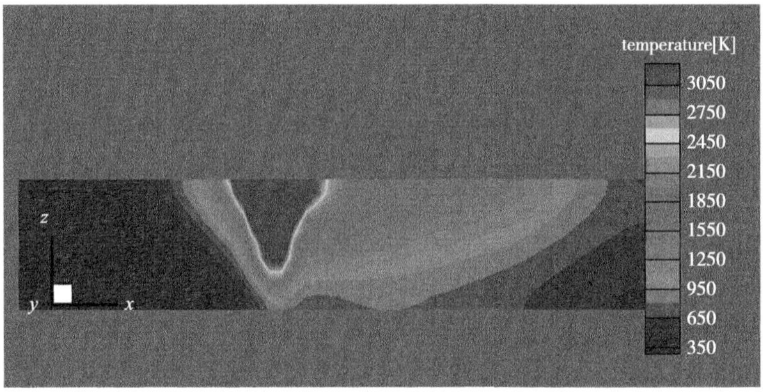

（b）对称面温度分布（t=40 ms）

图 4-4　温度场分布

连续激光深熔焊接熔池横切面流场分布如图 4-5(a)所示。在热源中心附近可以看到流体的速度比较高,它的方向是从中心流向周围,这是由于强烈的蒸发产生的反冲压力和表面张力共同作用的结果。连续激光深熔焊接熔池对称面流场分布如图 4-5(b)所示。在匙孔前壁面最高流速 0.3 m/s 左右,在匙孔后壁面流速比较低。

4.3.2　试验验证

为了检验计算结果的正确性,进行了激光深熔焊接试验。试验工艺参数(激光功率、焦点半径、焊接速度等)与计算模拟的输入参数严格一致。观察焊缝在光学显微镜下的横截面形貌,并通过显微镜测量焊缝各个部位的宽度以作比较。

表 4-3 列出了焊接速度为 0.05 m/s 时 CO_2 激光焊接不锈钢合金得到的焊缝横截面尺寸计算模拟值和试验实际测量值的对比。从表中数据可以看出,焊缝横截面中熔深及熔宽的计算值和实际测量值相近。横切面上真实熔池轮廓图和计算出的熔池形状对比如图 4-6 所示,通过图 4-6 可以看出,计算出的熔池形状和实际熔池形状非常接近,但也存在些许差别,如熔线向右,但是预测值有点向上。出现这种计算值和试验结果之间的差异,可能是输入激光焊接参数导致的,如激光功率、焊接参数、焊接时间等。总体而言,计算的焊缝与试验测量值基本吻合。

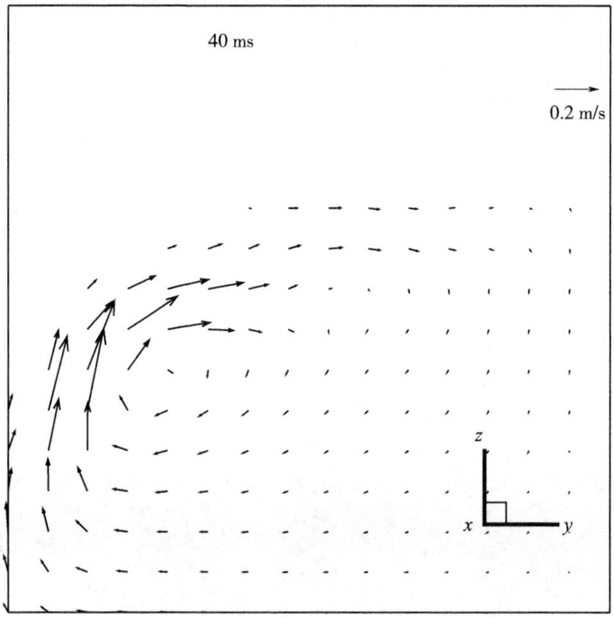

（a）横切面

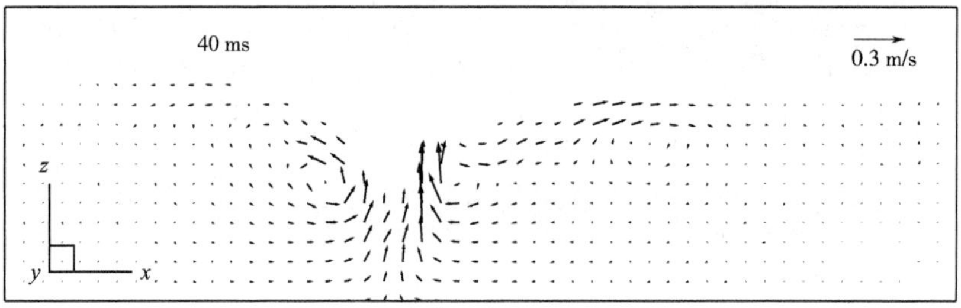

（b）对称面

图 4-5　速度矢量

表 4-3　焊缝横切面计算值与实际测量值的对比

项　目	熔深 H/mm	熔宽 B/mm
测量值	0. 84	0. 86
计算值	0. 83	0. 82

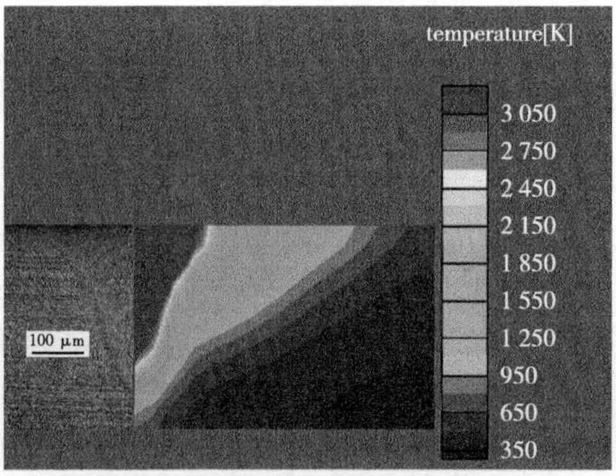

图 4-6　试验结果与计算结果焊缝对比

4.4　焊接速度为 0.1 m/s 时的计算结果及试验验证

利用所建立的三维激光深熔焊接过程数学模型，对试件 304 不锈钢材料进行计算。数值计算中采用的激光加工参数为：激光功率为 3 200 W，焦点半径为 0.2 mm，焊接速度为 0.1 m/s，X 的正方向为工件的移动方向，即 $-X$ 的方向为焊接方向。

4.4.1　焊接速度为 0.1 m/s 时的计算结果与分析

焊接速度为 0.1 m/s 时，连续激光深熔焊接过程中熔池、匙孔形成过程及相应的温度分布如图 4-7 所示，由于对称关系，图中所示为焊接材料的一半，在加热初期（t<0.5 ms），激光束能量主要是加热金属基体，此时的金属熔池自由表面为水平面，激光束部分能量以非涅耳吸收方式被熔池吸收，其余能量被反射掉，传导是这个阶段热传递的主要方式。

随着激光束辐照时间（2 ms）的加长，熔池表面温度急速升高，气化产生的反冲压力使得熔池表面发生弯曲，形成匙孔，熔池达到金属基体厚度的四分之一，当气化物聚集在材料表面附近并微弱地电离形成等离子体，进一步加长辐照时间，金属材料表面强烈气化，在较

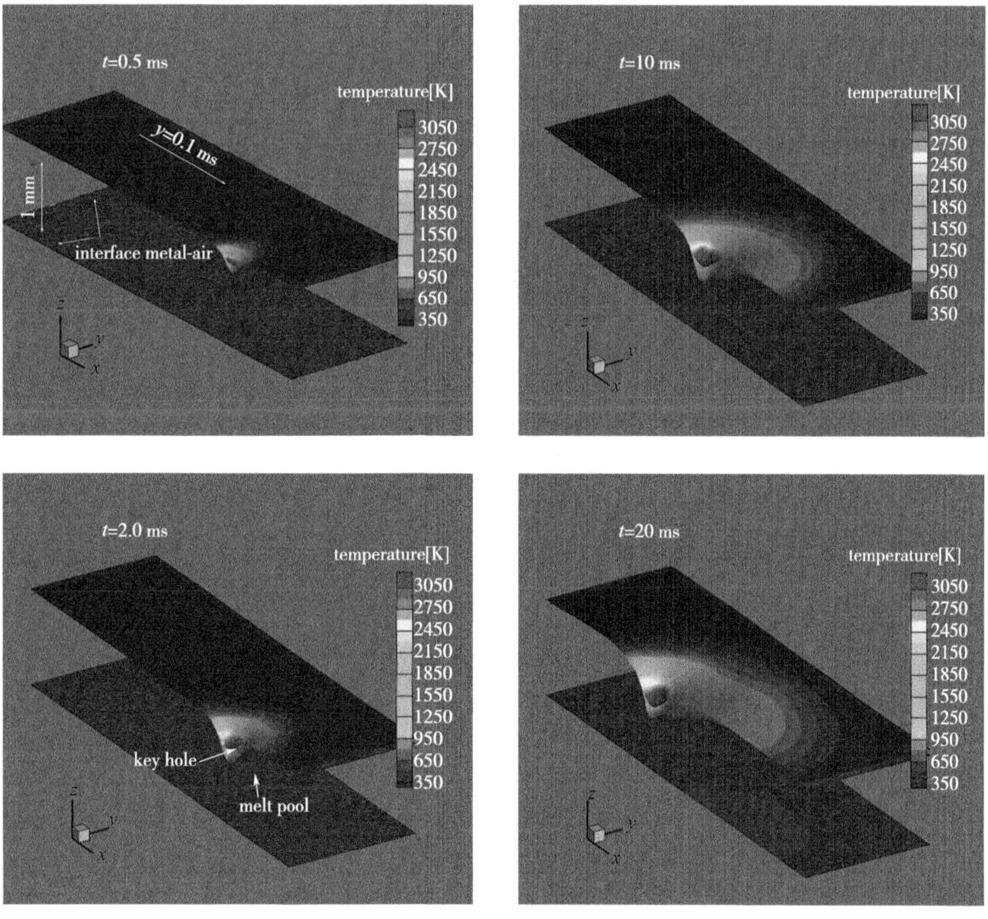

图 4-7　连续激光深熔焊接过程（焊接速度 0.1 m/s）

大的蒸气反冲作用力下，熔化的金属内部形成匙孔，匙孔的存在有利于金属材料对激光的吸收。

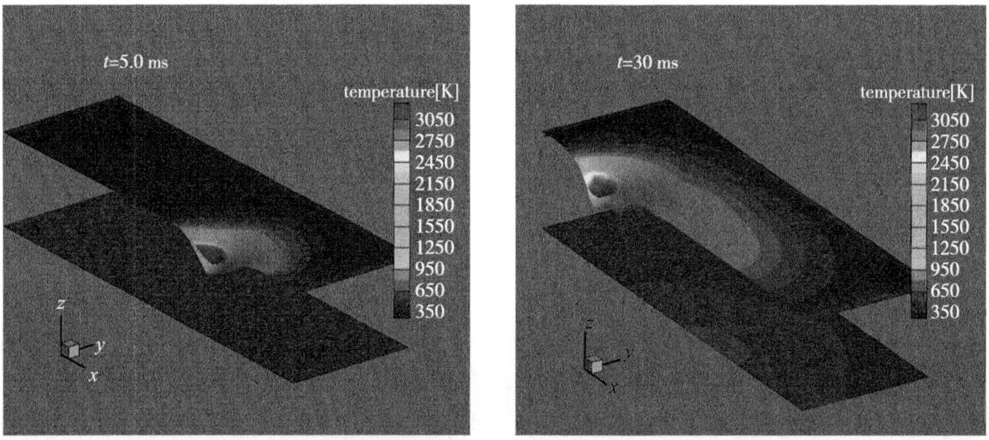

图 4-7　连续激光深熔焊接过程（焊接速度 0.1 m/s）（续）

焊接时间达 5 ms 之后，熔池达到金属基体厚度的三分之一，出现椭圆形的熔池，匙孔前壁面的温度梯远大于后壁面。随着时间的持续，熔池逐渐达到稳定。

焊接时间达 10 ms 之后，深池熔深达到稳定，椭圆形的熔池形状清晰可见，匙孔前壁面比后壁面陡峭，匙孔前壁面的温度梯远大于后壁面。随着时间的持续，熔化了的材料重新在熔池尾部凝固，一条焊缝清晰可见。

连续激光深熔焊接过程熔池与匙孔的俯视图与正视图如图 4-8 所示。在图 4-8(a)中，匙孔与熔池略呈椭圆形状，大部分激光束照在匙孔的前壁面，在匙孔前壁面发生强烈的蒸发。在图 4-8(b)中，焊接熔池的前壁比较薄，熔池的后面比较大，匙孔前壁面的倾角比后壁面要大，气/液界面高于 3 200 K 时，将发生强烈的蒸发，这是与实验观察相一致的。在熔池的后部，蒸发并不强烈，同时随温度变化的自由表面的剪切应力将中心区的高温流体排向四周。

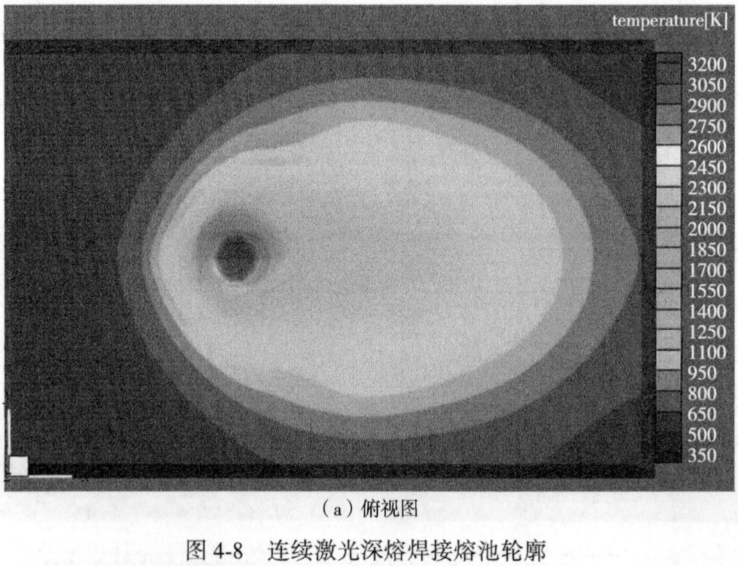

（a）俯视图

图 4-8　连续激光深熔焊接熔池轮廓

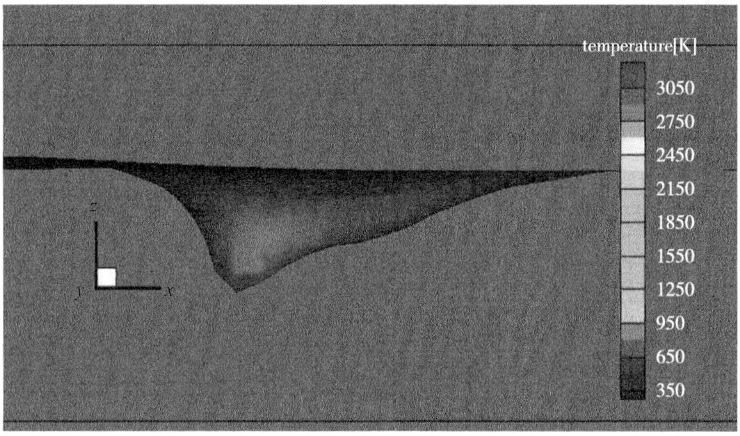

（b）正视图

图 4-8　连续激光深熔焊接熔池轮廓(续)

连续激光深熔焊接过程($t=20$ ms)中,焊接材料横切面(y-z 面)及对称面(x-z 面)温度分布如图 4-9 所示。在图 4-9(a)中,激光束热源中心位置温度比其他位置要高很多,在图 4-9(b)中,匙孔前壁的倾角比匙孔后壁大一些,大部分激光束照在匙孔的前壁面,气液界面高于 3 200 K 时,在匙孔前壁面发生强烈的蒸发,在熔池的后部蒸发并不强烈,随着激光束热源的向前移动,熔池后部温度逐渐降低。

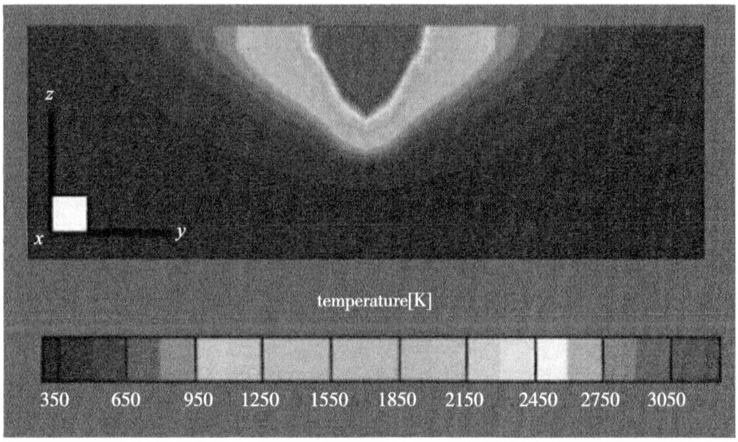

（a）横切面温度分布（t=20 ms）

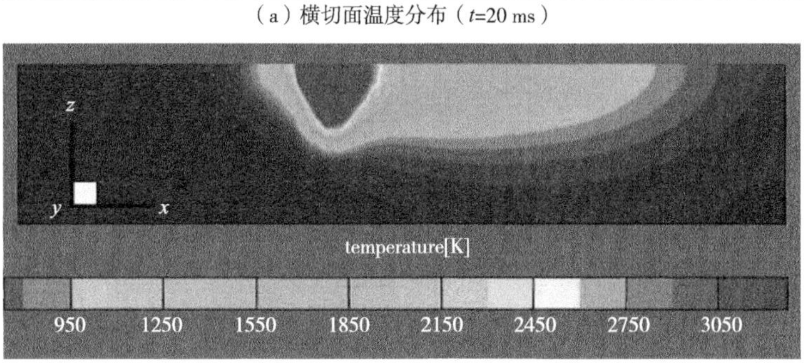

（b）对称面温度分布（t=20 ms）

图 4-9　温度场分布

连续激光深熔焊接熔池横切面流场分布如图 4-10(a)所示。在热源中心附近可以看到流体的速度比较高,它的方向是从中心流向周围,这是由于强烈的蒸发产生的反冲压力和表面张力共同作用的结果。连续激光深熔焊接熔池对称面流场分布如图 4-10(b)所示。在匙孔前壁面最高流速 0.2 m/s 左右,在熔池后部流速比较低。

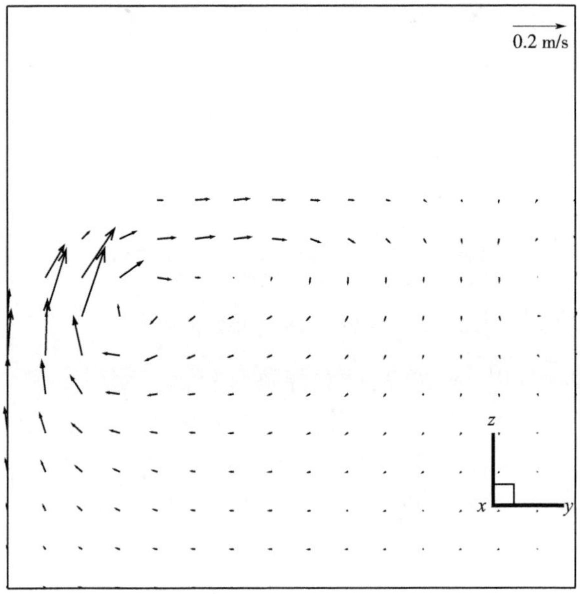

(a)横切面流场分布(t=20 ms)

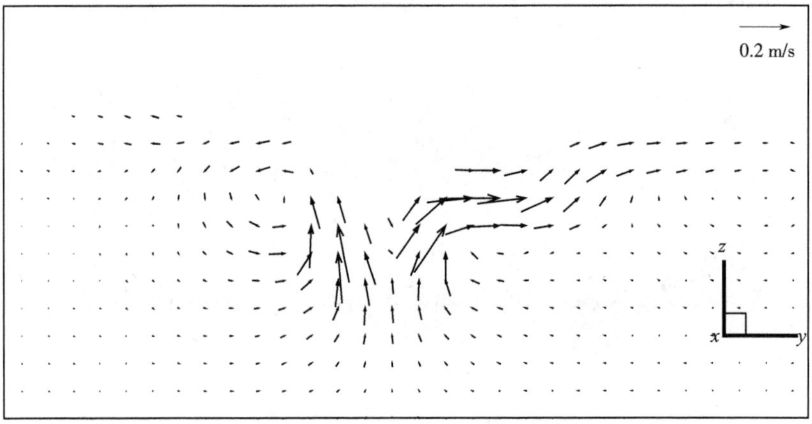

(b)对称面流场分布(t=20 ms)

图 4-10　流场

4.4.2　试验验证

为了检验计算结果的正确性,进行了激光深熔焊接试验。试验工艺参数(激光功率、焦点半径、焊接速度等)与计算模拟的输入参数严格一致。观察焊缝在光学显微镜下的横截面形貌,并通过显微镜测量焊缝各个部位的宽度以作比较。

表 4-4 列出了焊接速度为 0.1 m/s 时 CO_2 激光焊接不锈钢合金得到的焊缝横截面尺寸计算模拟值和试验实际测量值的对比。从表中数据可以看出,焊缝横截面中熔深及熔宽的

计算值和实际测量值相近。横切面上真实熔池轮廓图和计算出的熔池形状对比如图 4-11 所示，通过图 4-11 可以看出，计算出的熔池形状和实际熔池形状非常接近，但也存在些许差别，如熔线向右，但是预测值有点向上。出现这种计算值和试验结果之间的差异，可能是输入激光焊接参数导致的，如激光功率、焊接参数、焊接时间等。总体而言，计算的焊缝与试验测量值基本吻合。

表 4-4　焊缝横切面计算值与实际测量值的对比

项　目	熔深 H/mm	熔宽 B/mm
测量值	0.52	0.82
计算值	0.51	0.78

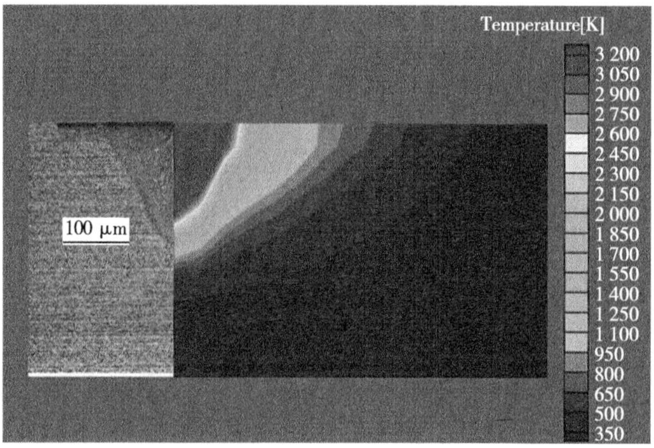

图 4-11　试验结果与计算结果焊缝对比

4.5　连续深熔焊与热导焊的比较

对试件 304 不锈钢材料进行连续热导焊计算。数值计算中采用的激光加工参数为：激光功率为 3 200 W，焦点半径为 0.2 mm，焊接速度为 0.05 m/s。

连续激光热导焊接过程中熔池形成过程以及相应的温度分布如图 4-12 所示，由于对称关系，图中所示为焊接材料的一半，在加热初期（t<0.5 ms），激光束能量主要是加热金属基体上表面，激光束部分能量被金属基体上表面吸收，其余能量被金属表面反射掉，传导是这个阶段热传递的主要方式。

随着激光束辐照时间（2 ms）的加长，熔池表面温度急速升高，由于熔池流体对流和表面张力的影响，进而形成熔池，进一步加长辐照时间，焊接熔池继续向外扩展。

焊接时间达 30 ms 之后，热导焊接熔池形状基本稳定，椭圆形的熔池形状清晰可见，熔池前壁面比后壁面陡峭，熔池前壁面的温度梯远大于后壁面。随着时间的持续，熔化了的材料重新在熔池尾部凝固，一条焊缝清晰可见。

为了便于比较，把激光深熔焊接与激光热导焊产生的熔池分别列出，图 4-13 所示为激光热导焊与激光深熔焊两种计算条件下熔池形状的比较。可以看出，在激光热导焊条件下，在熔池自由表面不考虑反冲压力，仅考虑表面张力的影响，熔池较浅，在激光深熔焊条件下，在熔池自由表面既要考虑表面张力，还要考虑反冲压力的影响，熔池相对较深，但在宽度方面，通过计算，深熔焊反而要宽一些，这是由于深熔焊中光致等离子体积聚在金属材料表面造成的。通过连续激光深熔焊与热导焊的对比可以看出，反冲压力在连续激光深熔焊中起了非常重要的作用，从熔池形状的比较可以看出，深熔焊熔池因反冲压力而呈大深宽比的“钉头”状，反冲压力是激光深熔焊接过程中的主要驱动力。

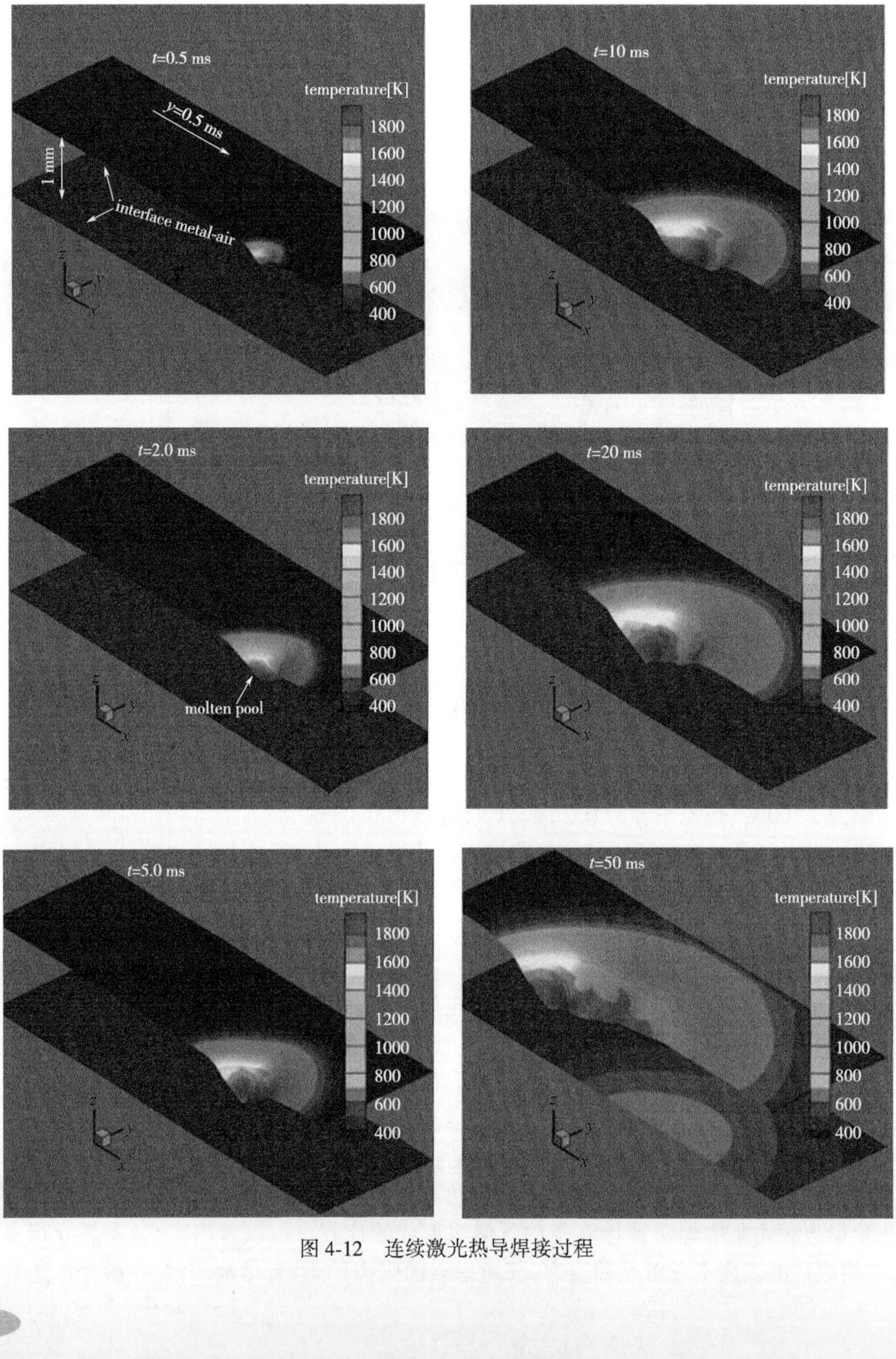

图 4-12　连续激光热导焊接过程

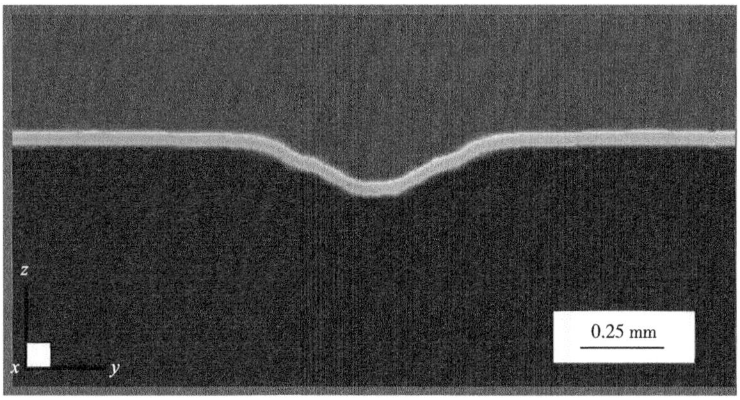

（a）激光热导焊熔池

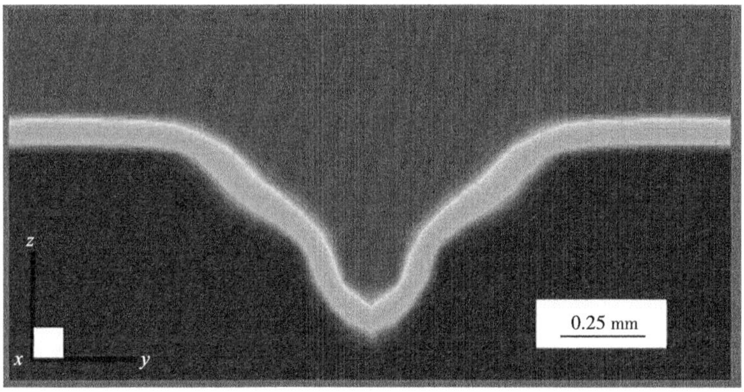

（b）激光深熔焊熔池

图 4-13　激光热导焊熔池与激光深熔焊比较

4.6　焊接速度对匙孔的影响

影响匙孔形状的焊接工艺参数较多,如焦点位置、激光功率、焊接速度、辅助气流流量等。本节在假定离焦量为0、焦点半径为0.2 mm的情况下,模拟计算激光深熔焊接中焊接速度和匙孔几何尺寸之间的关系。

图4-14所示为连续激光深熔焊接304不锈钢,激光功率为3 200 W时,匙孔直径、熔深与焊接速度的关系图。该图中显示,焊接速度是影响焊接匙孔直径、熔深的重要因素。在激光入射功率不变的情况下,增加焊接速度意味着焊接能量的降低。另一方面,随着焊接速度的增加,激光束流和不锈钢相互作用的时间相对缩短。因此,单位时间内输入材料的激光能量减小,反冲压力产生的匙孔直径、熔深则随之减小。

图4-15表示焊接速度0.025 m/s、0.037 5 m/s、0.05 m/s、0.072 5 m/s、0.1 m/s时,匙孔深度与焊接速度之间的关系。从图4-15中还可以看出,匙孔深度随着焊接速度增加而减小。

通过数值计算出匙孔深度与焊接速度之间的关系,并且进行曲线拟合,得到如下回归方程:

$$y=1.27959\times\exp(-x/0.05028)+0.19274 \tag{4-1}$$

式中,x 为焊接速度;y 为匙孔深度。这个方程可以通过焊接速度来预知匙孔深度,同时也为连续激光深熔焊接工艺参数提供指导。

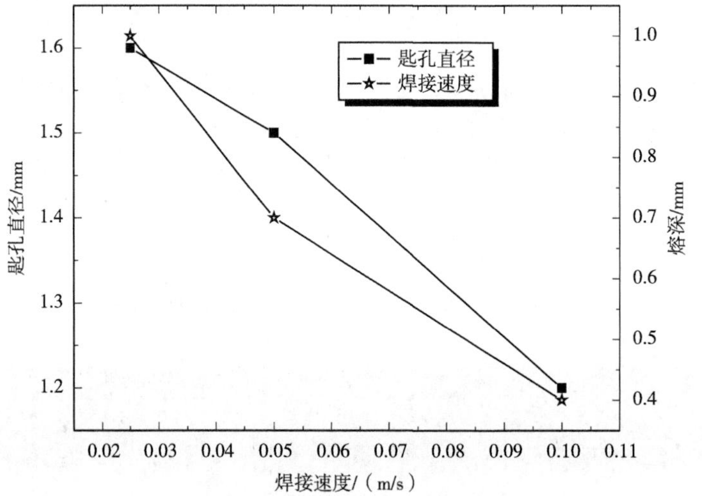

图 4-14　匙孔直径、熔深与焊接速度的关系

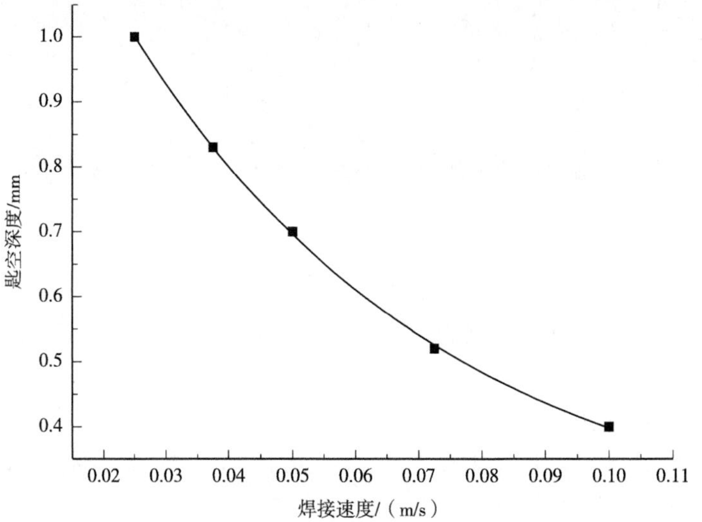

图 4-15　匙孔深度随焊接速度的变化

小　结

本章采用了已建立的连续激光深熔焊接数学模型,模拟了连续激光深熔焊接过程温度动态分布,并分析了连续激光深熔焊接过程中匙孔动态形成过程和熔池中流体的流动方式,以不锈钢为材料进行试验,试验结果表明模拟结果与实验结果基本吻合。基于以上研究,得到以下基本结论:

(1)通过已建立的连续激光深熔焊接数学模型,计算出了瞬态匙孔形状、熔池形状以及焊接熔池中的温度场、速度场分布。

(2)通过工艺试验获得的焊缝切面形状与计算模型所得的形状基本吻合,说明计算模型能够反映客观实际，并为将来进一步对激光深熔焊接过程的研究打下了坚实的基础。

(3)通过连续激光深熔焊与连续激光热导焊的对比研究表明，因蒸发而产生的反冲压力是匙孔形成的主要驱动力，它会对焊接熔池有向下的推动力。

(4)在激光功率不变的条件下，随着焊接速度的增加，反冲压力产生的匙孔直径、匙孔深度随之减小。

(5)对连续激光焊接过程流场的分析表明：在熔池前部，热源中心附近可以看到流体的速度比较高，它的方向是从底部流向上部，从中心流向周围，从而形成涡流；在熔池后部，流体从前往后流动，从底部向上部流动，随着时间的持续，熔化了的材料重新在熔池尾部凝固，一条焊缝清晰可见。

第 5 章

激光-MIG复合焊接过程传输现象的数值模拟

在探讨激光焊接技术的基础上，前面已系统分析了单一激光焊接的物理特性、工艺优势及其局限性。尽管高能量密度激光束在精密加工中展现出显著优势，但工件装配精度的严苛要求、高成本投入及焊接缺陷的产生等问题，仍制约着其在工业场景中的大规模应用。与此同时，传统 MIG(电弧)焊接技术虽具备成本低、适应性强的特点，却存在熔深浅、热影响区大等不足。如何整合两种技术的优势，突破单一热源的瓶颈，成为焊接领域的重要研究方向。本章将聚焦于激光-MIG 复合焊接技术，通过数值模拟方法深入解析其复杂传输现象。作为复合焊接技术的核心，激光与电弧的协同作用不仅显著提升了能量利用率，还通过动态耦合机制改善了熔池流动与匙孔稳定性。通过构建多物理场耦合模型，本章旨在揭示复合焊接过程中熔滴过渡、温度分布及流体动力学的内在规律，为优化工艺参数、减少焊接缺陷提供理论支撑，从而推动该技术在高精度制造领域的进一步应用。

5.1 引　　言

虽然激光焊接效率高，但是其焊接成本高、工装要求严格、易产生焊接缺陷等特点仍制约着该技术的广泛应用。为扩大激光焊接技术的应用范围，提高激光焊接效率及焊接质量，同时有效利用电弧能量，英国学者 Steen 等人[93,94]于 20 世纪 80 年代初首先提出激光+电弧复合热源焊接技术，其主要思想就是有效利用电弧能量，在较小的激光功率条件下获得较大的焊接熔池，同时提高焊接对焊缝间隙的适应性，实现高效率、高质量的焊接过程。

图 5-1、图 5-2 所示为激光-MIG 复合热源焊接基本原理及其典型焊缝切面形貌。复合使得两种热源既充分发挥了各自的优势，又相互弥补了对方的不足，从而形成一种高效的热源。

激光与电弧相互作用形成的是一种增强适应性的焊接方法，它避免了单一焊接方法的缺点，具有提高能量、增大熔深、稳定焊接过程、降低装配条件、实现高反射材料的焊接等许多优点[95-100]。

(1)高效、节能、经济。单独使用激光焊接时，由于等离子体的吸收与工件的反射，能量的利用率降低。激光与电弧的复合，可以有效利用电弧能量，在获得同样焊接效果的条件下降低激光功率。这就意味着可以减少激光设备的投资，降低生产成本。

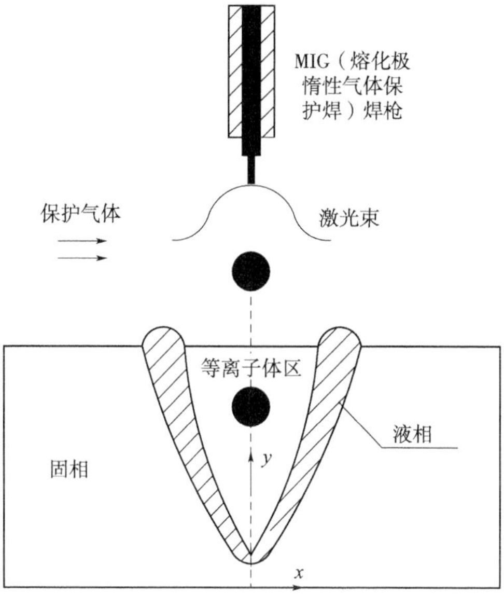

图 5-1　激光-MIG 复合热焊接原理

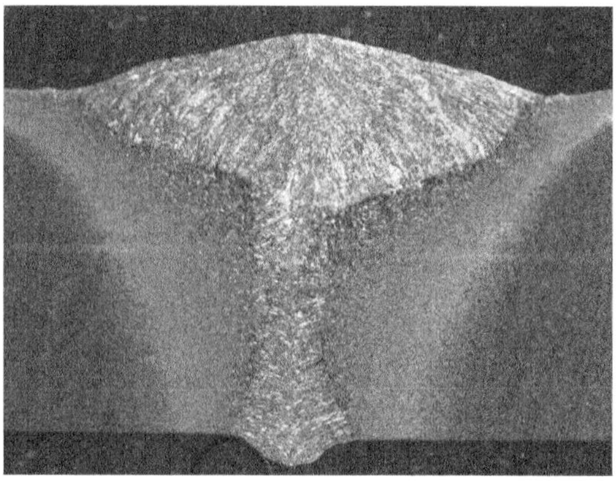

图 5-2　激光-MIG 复合热源焊接典型焊缝

(2)增加熔深。与同功率下的单激光焊接相比,复合热源焊接熔深最大可增加一倍多。特别是在窄间隙大厚板焊接中,采用激光-MIG 复合热源焊接时,在激光的作用下,电弧可潜入到焊缝深处,减少填充金属的熔覆量,实现大厚板深熔焊接。

(3)减少焊接缺陷。与激光焊相比,激光-MIG 复合热源焊接能够减缓熔池金属的凝固时间,有利于相变的充分进行,减少气孔、裂纹、咬边等焊接缺陷的产生。

(4)改善焊缝成形。激光-MIG 复合热源作用工件时,材料的熔融量增大,可以改善熔化金属与固态母材的润湿性、消除焊缝咬边现象。另外,激光和 MIG 的能量可以单独调节,将两种能源适当配比即可获得不同的焊缝深宽比。

(5)提高焊缝适应性。电弧的加入使得工件表面的熔合宽度增大,降低了热源对间隙、错边及对中度的敏感性,减少了装配劳动量,提高了生产效率。

(6)减少焊接变形。与普通电弧焊相比,激光-电弧复合热源焊接速度快、热输入量小,因而热影响区小,焊缝的变形及残余应力小。特别是在大厚板的焊接时,由于焊接道数的减少,相应的减少了焊后矫正的工作量,提高了工作效率。

激光-MIG 复合热源焊接是目前应用最为广泛的一种复合热源焊接方法,在汽车工业、造船等领域都有应用。激光-MIG 复合热源焊接利用 MIG 焊接填丝的优点,在提高焊接熔深、增加适应性的同时,还可以改善焊缝冶金性能和微观组织结构。

激光-MIG 复合焊是将激光和电弧这两种不同的热源耦合共同作用于同一区域,从而综合了两种热源的优点,并避免了各自缺陷的焊接方法。

与激光焊相比,激光-MIG 焊的优点有:焊接过程更稳定、焊缝桥联性更好、熔深更大、成本更低、塑性更高。

与 MIG 焊相比,激光-MIG 焊的优点有:焊接速度高、熔深更大、热输入低、抗拉强度高、焊缝窄。

激光-MIG 复合焊采用激光束和电弧共同工作,焊接速度高,焊接过程稳定,热效率高以及允许更大的焊接装配间隙,激光-MIG 复合焊接过程示意图如图 5-3 所示。

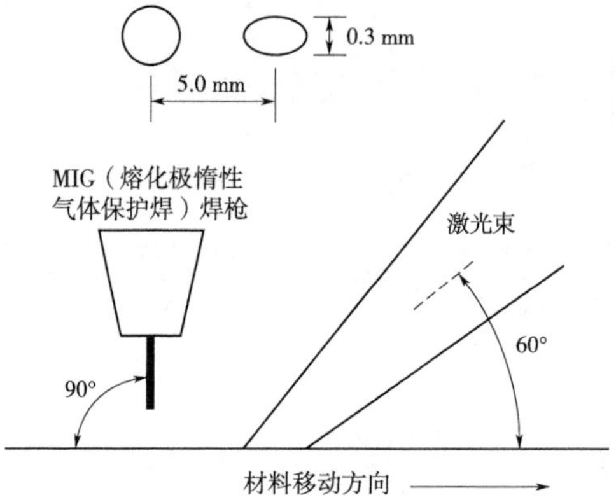

图 5-3　激光-MIG 复合焊接过程示意图

自 Nagata 等人[101]于 1985 年率先开展激光-MIG/MAG 电弧旁轴复合热源焊接技术研究以来,由于其特有的优点及优越的工业应用潜力,该复合焊接技术已经成为目前最受关注的研究方向之一。激光-MIG/MAG 电弧复合焊接过程中,焊丝熔化并过渡到熔池中,焊丝金属的加入增加了焊接熔池中熔融金属的数量,有利于增强焊接桥接性,降低对间隙、错边、对中度、不等厚等焊接工装精度要求,消除焊缝咬边、凹陷等成型缺陷;通过控制焊丝金属成分,能有效地改善焊接冶金特点及焊缝微观组织,获得具有良好综合力学性能的焊接接头。与单独激光焊及 MIG/MAG 电弧焊相比,在复合焊中,通过优化复合焊接参数,使激光与 MIG/MAG 电弧产生相互增强效果,能提高激光及电弧能量的利用率,最终提高了复合焊接熔深及焊接速度,增强了焊接过程稳定性。复合焊接中,电弧的加入降低了熔池的凝固、冷却速度,有利于气体从熔池中逸出,减少或消除气孔和裂纹的生成;激光的加入,在适当的焊接参数下,不仅可以改变电弧形态,还可以促进熔滴过渡,大量减少焊接飞溅。基于以上优点,目前,激光-MIG/MAG 电弧复合焊接技术已大量应用于各种金属的焊接研究中。

激光-MIG 复合深熔焊过程中的传输现象能够对焊缝形状及焊缝组织性能产生极为重要的影响。焊接熔宽、熔深、焊接宏观裂纹、焊接气孔、焊缝结晶组织、咬边、下塌、焊缝表面成形等都与焊接熔池中流体的流动有直接关系。因此,定量地研究激光-MIG 复合焊接过程熔池中流体的传输现象具有极大的现实意义。

本章将采用激光-MIG 复合焊接数学模型,考虑复合焊接过程中重力、浮力、表面张力、反冲压力、电弧力的作用,应用数值模拟的方法,研究激光-MIG 复合焊接过程中熔滴过渡到熔池过程、温度分布以及其他传输现象,针对碳钢进行工艺试验,并进行比较分析,为今后模型的完善和分析焊接参数的影响提供理论指导。

5.2　数值模拟研究现状

自激光器出现以来,激光这一具有高能量密度的高能束,在材料切割、焊接、打标、微处理、雕刻、打孔等领域得到了广泛的关注。同时,经过几十年的发展,激光焊接技术已经成为焊接生产中的一项常用技术。虽然激光焊接效率高,但是其焊接成本高、工装要求严格、易产生焊接缺陷等特点仍制约着该技术的广泛应用。而具有较低能量密度的弧焊技术,虽然焊接效率低(如焊接速度较低、熔深较浅、热影响区较大等),但是,其仍具有焊接生产成本低、工装要求低、桥接能力强等优点。因此,弧焊这一成熟的金属连接技术在工业生产领域中得到了广泛的应用。

为扩大激光焊接技术的应用范围、提高激光焊接效率及焊接质量,同时有效利用电弧能量,将这两种具有不同物理性质、能量传输机制的热源复合在一起,同时作用在工件的相同位置。焊接过程中,激光与电弧相互作用,既充分发挥了各自的优势,又互为补充;激光吸引、压缩电弧,降低了电弧的电压,提高了电弧的电流密度,从而增加焊缝熔深,同时增强焊接过程的稳定性;电弧的加入,降低了激光焊接对工件装配精度的要求,同时提高工件对激光能量的吸收率。激光与电弧的复合,形成了一种新的高效焊接热源。

目前,激光-MIG 复合焊接数值模拟主要针对焊接熔池流动行为及温度场分布、焊缝成型预测及熔滴过渡行为等方面[102-104]。

Gao 等人[105]在考虑 MIG 焊接熔滴过渡对熔池的冲击力,熔池金属表面张力、浮力及电磁力,激光对熔池的反作用力、逆韧致吸收及菲涅耳吸收等参数的基础上,引入激光与电弧复合作用参数,建立了激光-MIG 复合焊接模型,对熔池瞬态形貌、温度场分布及液态金属速度场分布进行了计算。

Zhou 等人[106,107]对激光-MIG 复合热源焊接过程中熔滴和焊缝熔池之间的相互作用(包括流体流动、热量和质量传递、温度分布)以及匙孔动力学行为进行了数值模拟。在计算过程中,利用焊丝中 S 含量的浓度扩散来跟踪填充金属和母材之间的混合程度。模拟结果表明,MIG 熔滴的尺寸、过渡频率和周期对填充金属与母材的混合程度、熔池流体动力学、焊缝形状影响较大。熔滴附带的动能促进熔池流动,但是熔滴过大时熔深较浅,熔滴加入能改善焊缝成型、消除气孔等缺陷。

胥国祥等人[108,109]根据脉冲激光-MAG 复合焊时电弧脉冲的热作用特点,将电弧热处理为脉冲电流和基值电流阶段分布参数不同的双椭圆模式,同时适当减小焊件表面热导率,以间接考虑脉冲电流和基值电流的间歇式作用;根据平均焊接电流大小确定滴热焓椭球体分布的作用区域,并考虑激光热源的作用位置。建立了两类新的适用于合焊的组合式体积热源模型:①“两个双椭圆分布+双椭球体分布+锥体-峰值指数递增”模型;②“两个双椭圆分布+双椭球体分布+双曲线旋转体-峰值双曲线递增”模型。这些模型都没有从高能束焊接的物理过程上推导,所以不具有适用性。

姜幼卿等人[110]在综合考虑了对流、辐射和热传导对焊接热过程的影响的基础上,基于

ANSYS 软件,采用移动旋转高斯体热源函数加载,对 12 mm 厚的 ZL114 铝合金进行 YAG 激光-MIG 电弧复合焊接温度场有限元数值模拟。

Reutzel 等人[111]采用的激光-MIG 复合三维瞬态热力学模型,由于没有考虑复合热源焊接过程中流体流动和质量传递,只是将激光和 MIG 电弧两个单独的热源分布模型进行简单的叠加,因此,其计算结果与实际存在一定的偏差。

刘达樊[112]在分析激光-MIG 复合热源焊接熔滴过渡物理特征的基础上,对熔滴过渡行为与受力状态进行合理假设与数学描述,建立复合热源焊接熔滴形态的力学模型;基于能量最小原理,根据 Surface Evolver 有限元模拟软件的特点,建立了复合热源焊接熔滴过渡形态的能量控制方程。采用该模型对复合热源焊接过程的熔滴过渡形态进行数值模拟,分析了焊接参数对熔滴形态和过渡质心偏移量的影响。在上述研究中,没有把激光束、焊接熔池和电弧作为统一整体,没有考虑激光-MIG 复合焊的基本物理原理,未把 MIG 焊接产生的电弧压力、电弧产生的热量考虑进去。在本章中,把激光束、电弧与熔池作为一个相互作用的统一体,建立的数学模型更加符合激光-MIG 复合焊接物理原理,并以此为基础,研究了熔滴过渡到熔池的过程、温度场等演变过程。

5.3　网格划分与计算参数

激光-MIG 电弧焊接方法中熔滴过渡对焊接过程的稳定性及焊接质量具有重要的影响。因此,通过数值模拟并辅以实验,对熔滴过渡的动态过程进行定量分析,具有重要的理论意义和工程实用价值,也一直是焊接领域的研究热点之一。

熔滴过渡是焊丝端部不断熔化,形成液态球滴并不断长大,最后脱离焊丝而完成过渡的过程,类似于从细管子中滴出的水滴,因此可假定,液态金属是以一定的速度从一条虚拟的管子中流出的,在重力、表面张力、电磁收缩力的作用下形成球形熔滴,其形状及流场不断变化,最后形成缩颈而过渡。这是一个自由表面问题,也就是说,求解对象的部分边界是不断变化的,因此需要对边界进行跟踪控制,作者采用多相流方程 VOF 法追踪熔滴过渡过程。

激光-MIG 复合焊接过程将激光和电弧这两种不同的热源耦合共同作用于同一区域,焊缝的形成始终伴随着激光束、电弧与熔池的双向作用,包含了传热、传质和流体流动等传输现象,过程比较复杂,影响因素众多,为了方便计算,对 MIG 焊接与焊接熔池作出假设。

对于 MIG 焊接电弧的主要假设为:

(1)电弧是对称的,且处于层流状。

(2)电弧等离子体处于局部平衡状态。

(3)浮力和黏性热耗散忽略不计。

对焊接熔池的主要假设为:

(1)浮力项采用 Boussinesq 近似,其余项中密度为常数。

(2)熔化区域(糊状区)局部保持热力学平衡。

(3)糊状区域近似多孔介质。

(4)焊接熔池的表面是自由表面,并采用多相流 VOF 方程追踪。

(5)熔化金属的流动形式为层流。

用已建立的激光-MIG 复合焊接过程气、液、固三相统一的数学模型进行模拟计算,焊接试验工件为长为 15 mm、厚度为 2 mm 及宽为 10 mm 的碳钢。碳钢热物理性能参数[113]见表 5-1,匙孔中气体热物性参数随温度的变化[114]如图 5-4 所示。焊接使用 CO_2 激光器,激光焦点半径为 0.03 mm,焦点平面位于工件的上表面,其上能量密度假定为高斯函数分布。求解控制方程、自由液面追踪方程及电流连续方程由 FLUENT CFD 软件完成,考虑焊接温度场、流场的对称性,计算时仅取计算域的一半,计算区域 12 mm×5 mm,采用有限体积法(FVM)离散控制方程和 SIMPLE 算法处理速度与压力的耦合关系。对计算域的网格剖分,考虑了焊接热流方向、温度梯度变化情况,离散化处理后为矩形单元。

表 5-1　碳钢热物性参数与过程系数

名　　称	符号	数值
液相线温度/K	T_l	1 787
固相线温度/K	T_s	1 729
沸点/K	T_v	3 034
密度/($kg \cdot m^{-3}$)	ρ_s	7 850
比热容/($J \cdot kg^{-1} \cdot K^{-1}$)	c_p	710
热导率/($W \cdot m^{-1} \cdot K^{-1}$)	k	46.1
动力黏度/($kg \cdot m^{-1} \cdot s^{-1}$)	μ	0.004 6
表面张力系数/($N \cdot m^{-1} \cdot K^{-1}$)	$d\sigma/dT$	1E-4
熔化潜热/($J \cdot kg^{-1}$)	L_m	2.60E5
蒸发潜热/($J \cdot kg^{-1}$)	L_v	7.34E6
热膨胀系数/(K^{-1})	β	4.95E-5
初始温度/K	T_0	300
表面张力/($N \cdot m^{-1}$)	σ	1.2
电导率/($\Omega^{-1} \cdot m^{-1}$)	σ_e	7.7E5

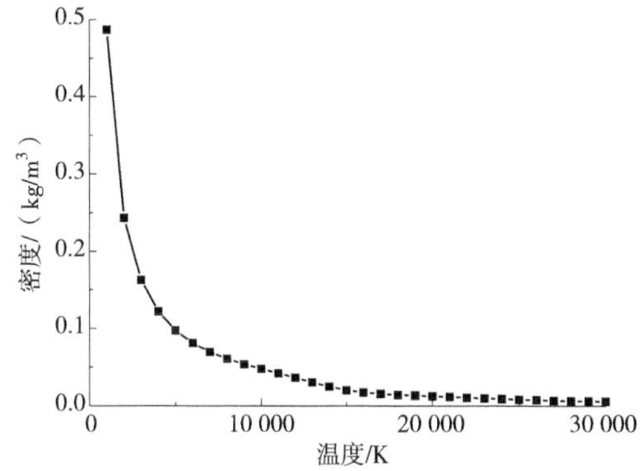

(a) 密度随温度的变化

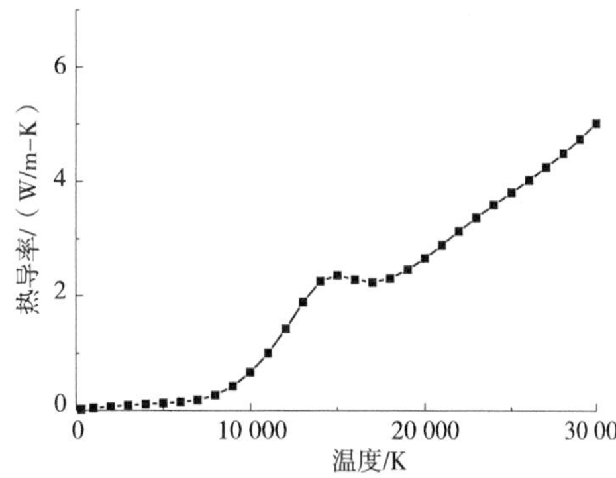

(b) 热导率随温度的变化

图 5-4　氩气与温度相关的材料属性

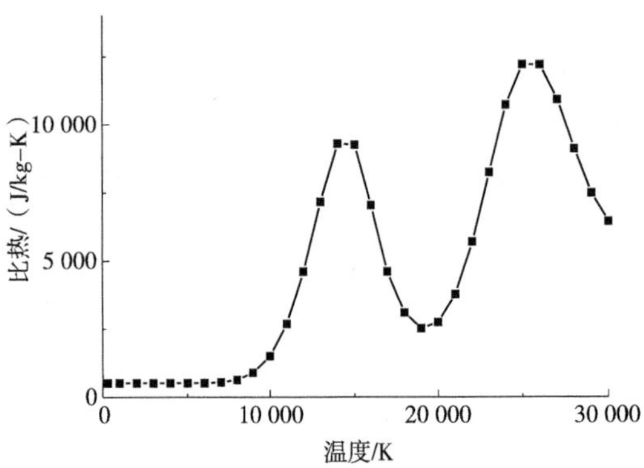

（c）比热随温度的变化

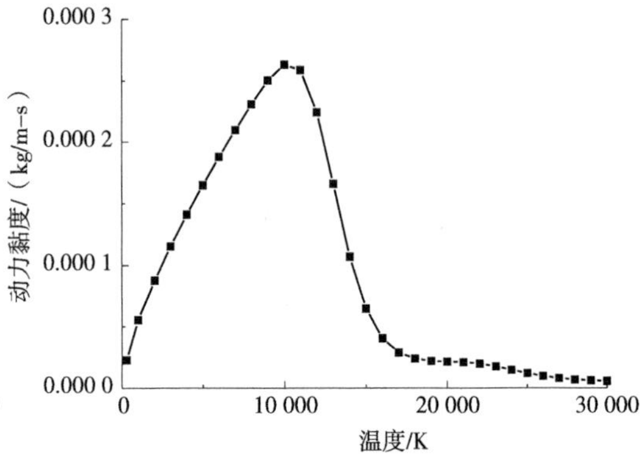

（d）动力黏度随温度的变化

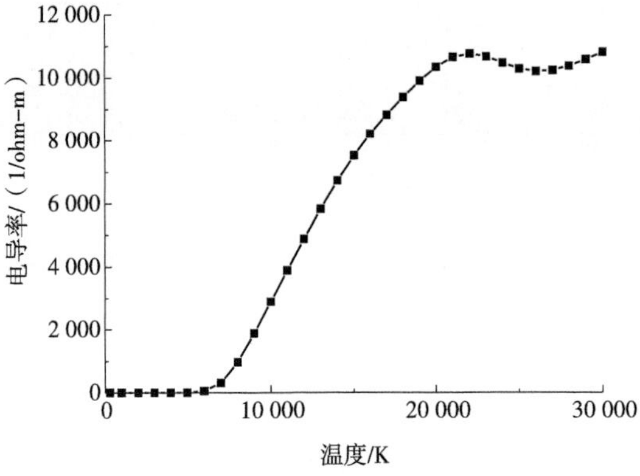

（e）电导率随温度的变化

图 5-4　氩气与温度相关的材料属性(续)

激光器为 TRUMPF LASER TLF 15000、最大输出功率为 15 kW 的连续 CO_2 气体激光器，模式为近 TEM00，纯氩气吹除激光-MIG 复合焊等离子体。焊接参数见表 5-2。

表 5-2　厚度为 2 mm 钢板的焊接参数

参　数	数　值	参　数	数　值
焊丝型号	JM 56	激光功率/W	2 200
焊丝直径/mm	1.0	离焦量/mm	0
电流/A	112	焦点半径/mm	0.3
弧长/mm	5.0	焊接速度/(m/min)	2.5
保护气体	氩气	气体流量/(L/min)	15

5.4　计算结果与分析

工件与焊丝假定为低碳钢，热物性参数与过程系数见表 5-1。厚度为 2 mm 钢板的焊接参数见表 5-2。激光-MIG 复合焊是将激光和电弧这两种不同的热源耦合共同作用于同一区域,从而综合了两种热源的优点,利用电弧先加热金属表面,由于电弧的作用,母材已经形成熔池,而后激光束跟上,这会显著提高材料对激光束的吸收率,从而更容易形成深熔匙孔。

在复合焊接初期,在电弧的作用下中心金属熔化,填充材料被电弧加热形成熔滴向母材方向过渡,共同形成熔池。而激光束随后照射到上述电弧所形成的熔池中,由于熔池中金属液体的温度很高,增加了对激光束能量的吸收率,当激光束的功率密度达到一定的阈值之后形成匙孔,同时由于金属材料剧烈气化膨胀产生的蒸发反作用力将匙孔内熔融材料抛出。激光束形成深熔匙孔的过程中,在激光束入射方向上的液态金属被激光束的蒸发反作用力排斥到匙孔周围,从而母材表面金属分布出现了不均匀。激光束与电弧熔池这种相互作用增加熔宽,促进了熔池上部金属流动。但是由于激光束这种高能量束的特点,在熔深方向上仍然是“指状”熔深,这与单激光焊情况类似,如图 5-5 所示。

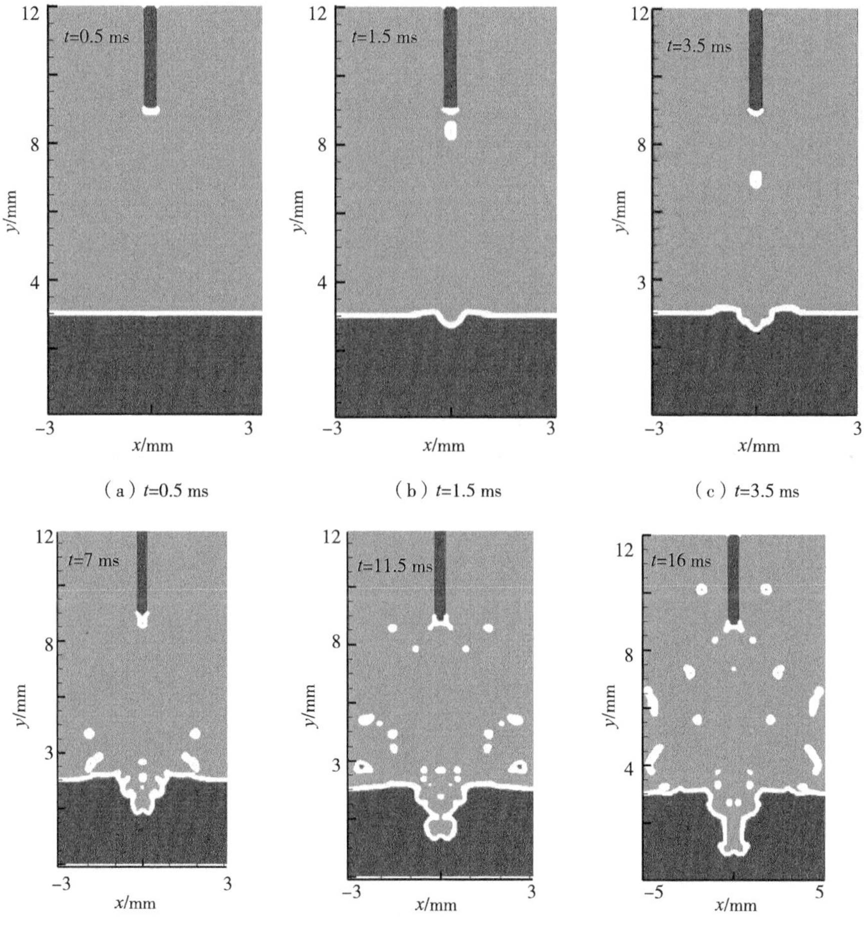

(a) t=0.5 ms　(b) t=1.5 ms　(c) t=3.5 ms

(d) t=7 ms　(e) t=11.5 ms　(f) t=16 ms

图 5-5　激光-MIG 复合焊接过程

开始复合焊接时,MIG 焊先于激光器开始工作,液态金属是以一定的速度从一条虚拟的管子中流出的,在重力、表面张力、电磁收缩力的作用下形成球形熔滴。

复合焊接时间从 0. 5 ms 到 16 ms,可以看到一个完整的熔滴过渡过程,如图 5-5 所示。

当熔滴碰到熔池的自由表面时，熔池液面表面波动，这是熔滴对熔池的冲击力造成的。当熔滴碰到熔池，熔滴的动能和势能马上变成金属熔池的动能和势能，从而造成水波。同时，可以看到因反冲压力而产生的匙孔。可以清晰地看到，随着时间的继续，匙孔变得越来越深，这主要是由于液态金属蒸发产生的反冲压力所致。

对于低碳钢，自由表面的表面张力温度梯度是负的，因此在熔池表面有非常大的表面张力。熔池变宽主要是马兰戈尼对流造成的，熔深主要是反冲压力和电弧产生的电磁力联合作用产生的。

复合焊接时间从 0. 5 ms 到 16 ms，可以看到一个完整的熔滴过渡过程所对应的温度分布，如图 5-6 所示。焊接初期，电极中心附近因电弧产生的焦耳热形成一个温度中心，同时因激光束照射到金属材料表面而产生另一个温度中心。随着时间的继续，两个温度中心区继续扩展，当达到一定时间，激光束的温度比 MIG 产生的温度高很多。整个计算区域以激光束为能量中心，随着时间的继续，最终形成大熔宽高熔深的焊缝。

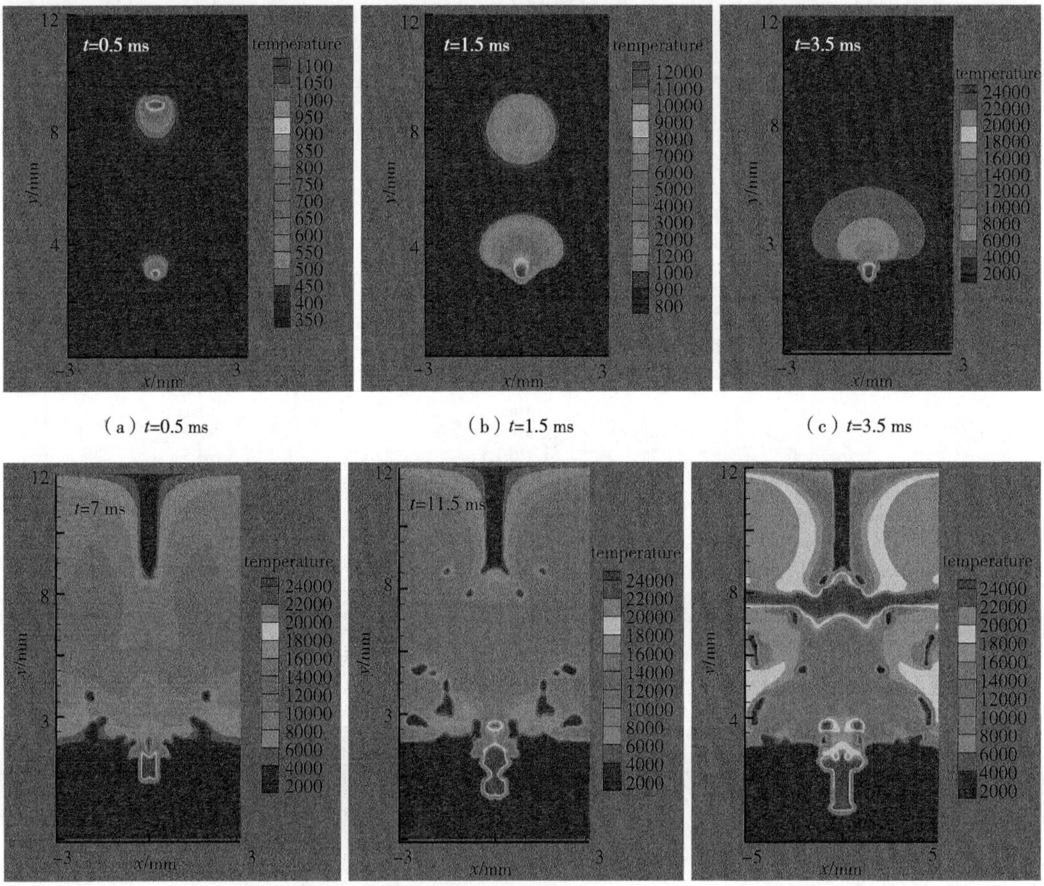

(a) t=0.5 ms　(b) t=1.5 ms　(c) t=3.5 ms

(d) t=7 ms　(e) t=11.5 ms　(f) t=16 ms

图 5-6　激光-MIG 复合焊接过程相应的温度分布

电势分布如图 5-7（$t=7$ ms）所示，最下边的电压为 0，最高电压为 12 V。电极周围电势梯度为最高，并且随着离电极距离越大，电势梯度越来越小。

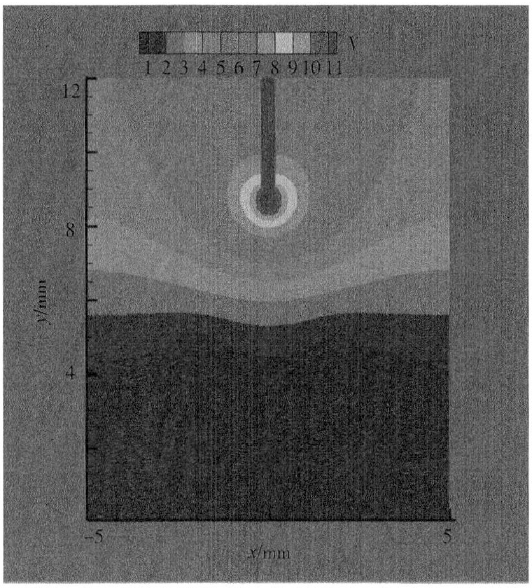

图 5-7　复合焊接时电势分布

5.5　试验验证

为了检验计算结果的正确性,进行了激光-MIG 复合焊接试验。试验工艺参数(激光功率、焦点半径、焊丝直径、电流等)与计算模拟的输入参数严格一致。观察焊缝在光学显微镜下的横截面形貌,并通过显微镜测量焊缝各个部位的宽度以作比较。

表 5-3 所示为材料为低碳钢激光-MIG 复合焊接后的焊缝横切面计算值与实验测量值的对比。从表中数据可以看出,焊缝横截面熔深、熔宽的模拟计算值和实际测量值相近。总体而言,实际值要比计算值要大一些。出现这种情况,有几个方面的原因:一是材料的实际物性参数与计算时稍有不同;二是计算时假定熔池流动状态为层流,这不能完全反映熔池的实际流动状态。横切面上真实熔池轮廓图和计算出的熔池形状对比如图 5-8 所

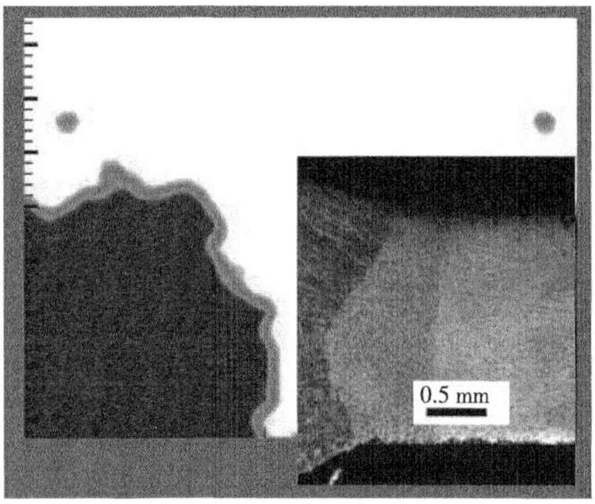

图 5-8　试验结果与计算结果焊缝对比

示，通过图 5-8 可以看出，计算出的熔池形状和实际熔池形状非常接近，但也存在些许差别，如熔线向右，但是预测值有点向上。出现这种计算值和试验结果之间的差异，可能是输入激光焊接参数导致的，如激光功率、焊接参数、焊接时间等，也有可能是假定熔池流动状态为层流导致的，匙孔位置的不断波动必然给焊接熔池的流动带来扰动，层流流动的假设也会增加计算值与实际值之间的差值。总体而言，计算的焊缝与试验测量值基本吻合，建立的数学模型的正确性得到确定，并为今后模型的完善及分析焊接参数的影响提供理论指导。

表 5-3　焊缝横切面计算值与实际测量值的对比

项目	熔深 H/mm	熔宽 B/mm
测量值	2.04	1.28
计算值	2.00	1.25

5.6　复合焊与激光深熔焊的比较

为了便于比较，把激光-MIG 复合焊与激光深熔焊进行比较，分别把它们产生的熔池列于同一图中，图 5-9 所示为激光-MIG 复合焊与激光深熔焊熔池对比，左边是单道激光深熔焊接熔池，右边是激光-MIG 复合焊接熔池。由此图可以看出，激光-MIG 复合焊比单道激光深熔焊宽且深，这是因为单独使用激光焊接时，由于等离子体的吸收与工件的反射，能量的利用率降低。激光与电弧的复合，可以有效利用电弧能量。在激光-MIG 复合焊接过程中，电弧产生的洛伦兹力促进熔池上部金属流动，以增加熔宽，反冲压力促进形成匙孔，增加熔深，阻止匙孔塌陷，以便提高激光能量的吸收率，和表面张力联合作用，促进熔池下部金属流动，从而形成比单道激光更宽更深的焊缝。

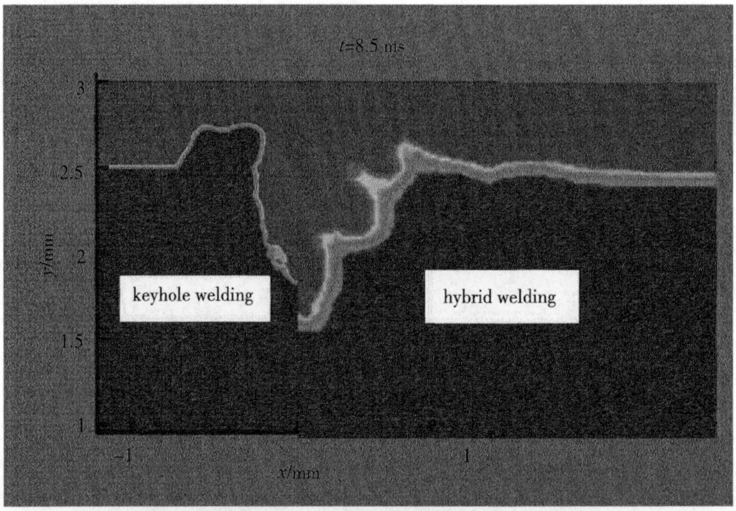

图 5-9　激光-MIG 复合焊与激光深熔焊熔池对比

5.7　激光功率对匙孔几何尺寸的影响

激光复合焊接过程中，影响焊缝成形的焊接工艺参数较多，如焦点位置、激光功率、电流密度、辅助气体流量等对匙孔形成过程有很大的影响。本节假定电流密度为 2×10^8 A/m^2（电流 157 A）、激光焦点平面和被焊接工件的上表面重合、焦点半径为 0.3 mm 的情况下，从能量条件的角度研究激光功率变化对匙孔几何尺寸的影响。图 5-10 表示时间为 6 ms，激光功率分别为 1 500 W、2 000 W、2 500 W、3 000 W 时，激光-MIG 复合焊接过程产生的匙孔形状。从图中可以看出，激光功率越大，匙孔深度越深，而激光功率对匙孔直径方向影响不大。

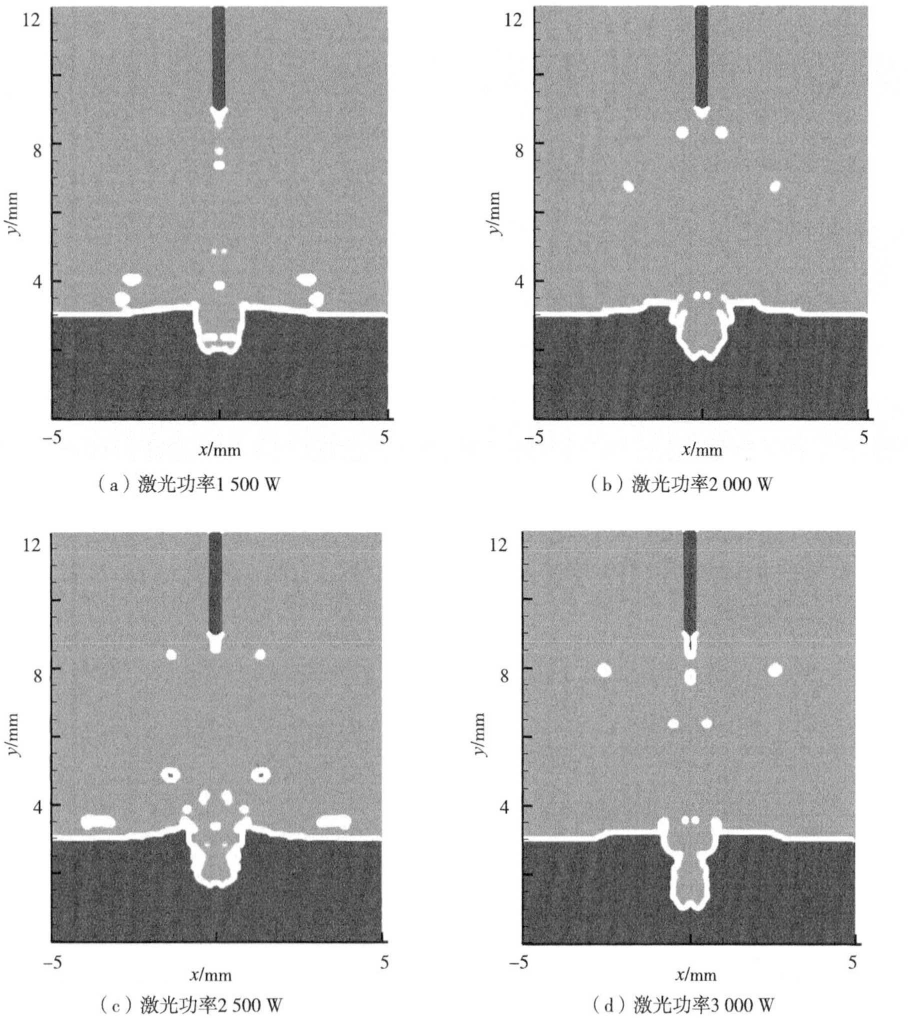

（a）激光功率1 500 W　（b）激光功率2 000 W

（c）激光功率2 500 W　（d）激光功率3 000 W

图 5-10　激光功率与匙孔形状

图 5-11 表示激光功率 1 500 W、2 000 W、2 500 W、3 000 W 时，匙孔深度与激光功率之间的曲线图。从图中可以看出，匙孔深度随着激光功率增加而增大，曲线的斜率随着激光功率增大而增大，说明同等条件下，增大激光功率，对匙孔深度方向影响增强。

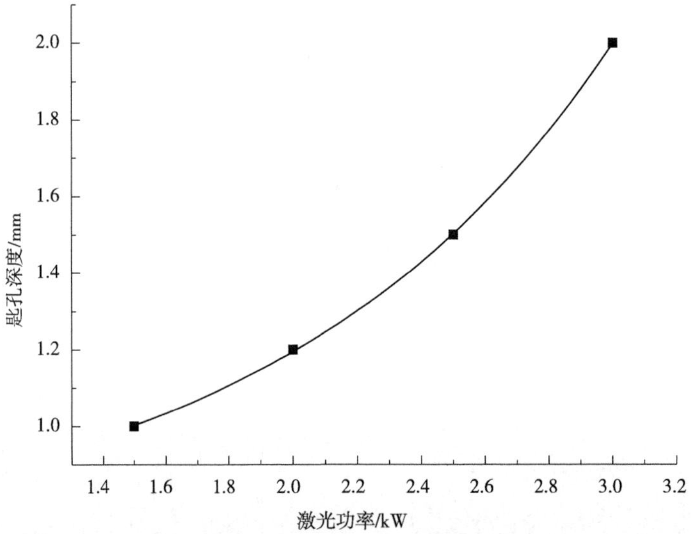

图 5-11　匙孔深度随激光功率的变化

5.8　电流密度对匙孔几何尺寸的影响

激光复合焊接过程中，影响焊缝成形的焊接工艺参数较多，如焦点位置、激光功率、电流密度、辅助气体流量等对匙孔形成过程有很大的影响。本节假定激光功率为 2 000 kW、激光焦点平面和被焊接工件的上表面重合、焦点半径为 0.3 mm 的情况下，从能量条件的角度研究 MIG 焊中电流密度变化对匙孔几何尺寸的影响。计算参数中电流密度为 2×10^8 A/m^2、2.5×10^8 A/m^2、3.0×10^8 A/m^2、3.5×10^8 A/m^2，分别对应的电流为 157 A、196 A、235 A、274 A。图 5-12 表示时间为 4.5 ms，电流密度分别为 2×10^8 A/m^2、2.5×10^8 A/m^2、3×10^8 A/m^2、3.5×10^8 A/m^2 时，激光-MIG 复合焊接过程产生的匙孔形状。从图中可以看出，电流密度越大，匙孔深度及直径随之增大。

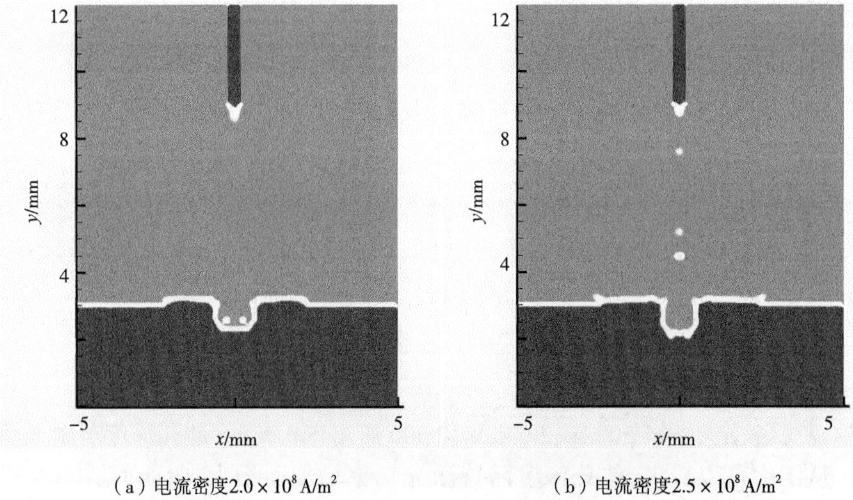

（a）电流密度2.0×10^8 A/m^2　　（b）电流密度2.5×10^8 A/m^2

图 5-12　电流密度与匙孔形状

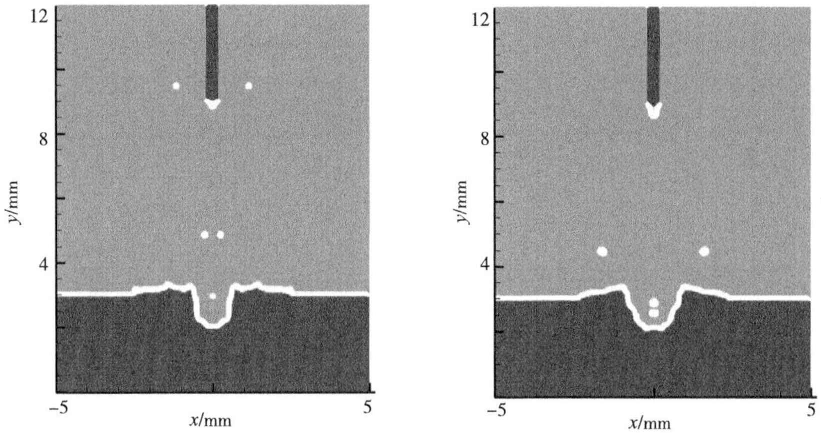

（c）电流密度3.0 × 10⁸ A/m²　　（d）电流密度3.5 × 10⁸ A/m²

图 5-12　电流密度与匙孔形状(续)

图 5-13 表示电流密度分别为 2×10^8 A/m²、2.5×10^8 A/m²、3×10^8 A/m²、3.5×10^8 A/m² 时,匙孔直径与电流密度之间的曲线图。从图中可以看出,匙孔直径随着电流密度增加而增大,曲线的斜率随着电流密度增大而增大,说明同等条件下,增大电流密度,对匙孔直径方向影响增强。图 5-14 表示电流密度分别为 2×10^8 A/m²、2.5×10^8 A/m²、3×10^8 A/m²、3.5×10^8 A/m² 时,匙孔深度与电流密度之间的曲线图。从图中可以看出,匙孔深度随着电流密度增加而增大,曲线的斜率随着电流密度增大而降低,说明同等条件下,增大电流密度,对匙孔深度方向影响减弱。

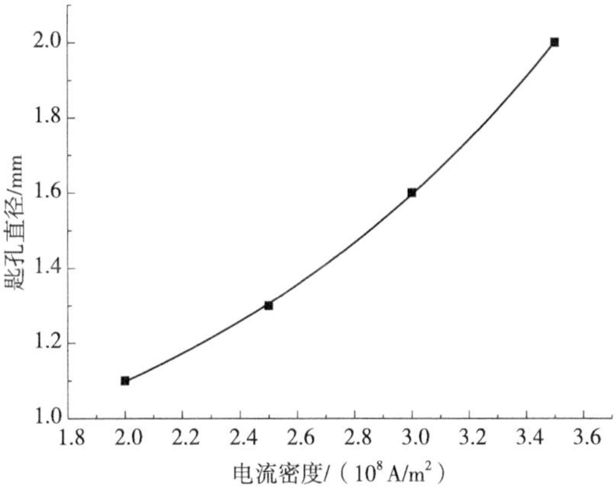

图 5-13　匙孔直径随电流密度的变化

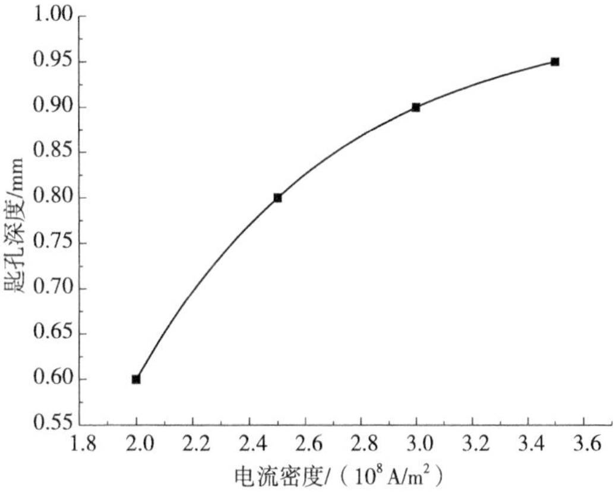

图 5-14　匙孔深度随电流密度的变化

小　结

本章采用了已建立的激光-MIG 复合深熔焊接数学模型,模拟了激光-MIG 复合深熔焊接过程,分析了激光-MIG 复合深熔焊接过程中熔滴过渡到匙孔中的动态过程和相应的温度场分布,并以低碳钢为焊接材料进行试验,试验结果表明模拟结果与实验结果基本吻合。基于以上研究,得到以下基本结论:

(1)已建立的激光-MIG复合焊接数学模型,耦合了电流连续方程,考虑了电弧产生的焦耳热和电磁力对焊接熔池的影响,同时考虑反冲压力、热浮力及表面张力,采用VOF法追踪熔池自由表面,采用C语言编制程序,以适应复合焊接模拟需要。通过该模型计算出了温度场与熔滴过渡到熔池的过程。

(2)通过工艺实验获得的焊缝切面形状与计算结果基本吻合,说明建立的数学模型能够反映客观实际,为进一步研究激光-MIG复合焊打下坚实基础。

(3)通过激光-MIG复合焊与单一激光深熔焊焊缝的对比,表明激光-MIG复合焊中的电磁力和反冲压力对熔池起着主要驱动作用。前者促进熔池上部金属流动,以增加熔宽,后者促进形成匙孔,增加熔深,阻止匙孔塌陷,以便提高激光能量的吸收率。

(4)激光-MIG复合焊中,匙孔深度随着激光功率增加而增大,增大激光功率,对匙孔深度方向影响增强。

(5)激光-MIG复合焊中,匙孔直径随着电流密度增加而增大,增大电流密度,对匙孔直径方向影响增强。

结　论

激光焊接已经成为现代工业中一种标准加工工艺，并且由于其高精度、低变形、高效率以及良好的加工柔性而应用越来越广泛。激光深熔焊接的本质特征是存在着匙孔效应。本书应用计算流体动力学传输方程、多孔介质流方程和多相流 VOF(volume of fluid)方程，分别建立了激光深熔点焊、连续激光深熔焊和激光-MIG 复合焊三组三相统一的控制方程组，并在此基础上添加各种源项和边界条件；借助商用 CFD 软件 FLUENT 6.3 求解器，采用 SIMPLE 算法，编制 UDF(user-defined function)接口程序，分别分析激光脉冲、连续、复合三种焊接方式中，匙孔形成过程、焊缝成型过程、温度场变化情况等，并将计算结果和试验焊缝形状进行了比较。数值模拟结果与实验结果基本吻合。同时研究了激光点焊中激光功率对匙孔形状的影响，以及连续激光深熔焊中焊接速度分别对匙孔、熔池形态的影响。

通过以上研究，得出如下结论：

(1)计算结果与试验证明，采用基于光束跟踪的热源模型来模拟激光深熔焊中匙孔的形成以及焊接熔池流体的流动是合适的。光束跟踪热源模型能够反映激光深熔焊过程的基本物理过程，同时也体现了激光深熔焊接热源的特点。

(2)通过工艺试验获得的焊缝横切面形状与计算模拟结果基本吻合，表明分别建立的脉冲、连续、复合深熔焊数学模型计算结果能够反映客观实际，所建立的数学模型符合激光深熔焊接基本物理过程。

(3)激光深熔点焊中，相同条件下，匙孔直径随着激光功率增加而增大，但直径增长速率降低，匙孔深度随着激光功率增加而增大，而且匙孔深度增长速率上升。

(4)连续激光深熔焊中，匙孔前壁面的温度梯远大于后壁面，在熔池前部，热源中心附近流体的速度比较高，它的方向是从底部流向上部，从中心流向周围，从而形成涡流；在熔池后部，流体从前往后流动，从底部向上部流动，随着时间的持续，熔化了的材料重新在熔池尾部凝固，从而形成一条焊缝。

(5)研究表明，因蒸发而产生的反冲压力是匙孔形成的主要驱动力，它会对焊接熔池有向下的推动力。

(6)在激光功率不变的条件下，随着焊接速度的增加，反冲压力产生的匙孔直径、深度随之减小。

(7)激光-MIG 复合深熔焊接显著提高材料对激光束的吸收率，激光束入射在液态熔池上更能够产生深熔匙孔，这与单激光束焊类似，但比单束激光焊缝更宽一些。

(8)激光-MIG 复合焊中，匙孔深度随着激光功率增加而增大，增大激光功率，对匙孔深度方向影响增强。

(9)激光-MIG 复合焊中，匙孔直径随着电流密度增加而增大，增大电流密度，对匙孔直径方向影响增强。

附 录 A

本论文采用 FLUENT 求解器,源项、边界条件、材料属性、相变、体积分数梯度、自定义电流连续方程源项等程序均由 C 语言编写,部分程序代码如下:

程序一　处理气/液相变过程质量与能量传输问题

(1)质量传输:

```
DEFINE_MASS_TRANSFER(liq_gas_source,cell,thread,from_index,from_species_index,
to_index,to_species_index)
{
    real x[ND_ND];
    real m_lg,a,b;
    real T_SAT=3200.;
    Thread * liq=THREAD_SUB_THREAD(thread,from_index);
    Thread * gas=THREAD_SUB_THREAD(thread,to_index);
    C_CENTROID(x,cell,thread);
    a=x[0],b=x[1];
    m_lg=0.;
    if (C_T(cell,liq)>=T_SAT)
        {
            m_lg=-1.0 * C_VOF(cell,liq) * C_R(cell,liq) * fabs(C_T(cell,liq)-T_
            SAT)/T_SAT;
        }
    if ((C_T(cell,gas) < T_SAT))
        {
            m_lg=1.0 * C_VOF(cell,gas) * C_R(cell,gas) *
            fabs(T_SAT-C_T(cell,gas))/T_SAT;
        }
    C_UDMI(cell,thread,0)=6.34e6 * m_lg;
    return (m_lg);
}
```

(2)能量传输:

```
DEFINE_SOURCE(enrg_transfer,cell,mix_th,dS,eqn)
{
    real source;
```

```
    Thread * pri_th;
    pri_th = THREAD_SUB_THREAD(mix_th,0);
    source = C_UDMI(cell,mix_th,0);
    dS[eqn] = 0.;
    return source;
}
```

程序二　处理气/液界面表面张力问题

```
DEFINE_PROPERTY(sfc,c,t)
{
    real x[ND_ND];
    real T,sf;
    T = C_T(c,t);
    C_UDMI(c,t,7) = 0;
    sf = 1.2-1e-4 * (T-1727);
    return sf;
}
```

程序三　获取体积分数梯度

```
#include "udf.h"
#define CON 1
DEFINE_ADJUST(store_gradient,domain)
{
    Thread * t;
    Thread * * pt;
    cell_t c;
    int phase_domain_index = 0.;
    Domain * pDomain = DOMAIN_SUB_DOMAIN(domain,phase_domain_index);
    {
        Alloc_Storage_Vars(pDomain,SV_VOF_RG,SV_VOF_G,SV_NULL);
        Scalar_Reconstruction(pDomain,SV_VOF,-1,SV_VOF_RG,NULL);
        Scalar_Derivatives(pDomain,SV_VOF,-1,SV_VOF_G,SV_VOF_RG,
        Vof_Deriv_Accumulate);
        mp_thread_loop_c (t,domain,pt)
        if (FLUID_THREAD_P(t))
        Thread * ppt = pt[phase_domain_index];
        begin_c_loop (c,t)
        {
            C_UDMI(c,t,0) = C_VOF_G(c,ppt)[0];
```

```
            }
            end_c_loop (c,t)
        }
        Free_Storage_Vars(pDomain,SV_VOF_RG,SV_VOF_G,SV_NULL);
}
```

程序四　自定义电势标量方程源项

```
DEFINE_SOURCE(mhd_phi_source,c,t,dS,eqn)
{
    real source;
    Thread * thread_g;
    thread_g=THREAD_SUB_THREAD(t,0);
    source=0;
    dS[eqn]=0;
    return source;
}
```

程序五　自定义气相黏度

```
DEFINE_PROPERTY(cell_viscosity,c,t)
{
    real vs;
    real temp1=C_T(c,t);
    if (temp1<=10000.0)
    vs=1.78887e-5+3.50148e-8 * temp1-1.04883e-12 * temp1 * temp1;
    else if (temp1<=30000.0)
    vs=0.00376 * exp(-temp1/3963.59514)-1.9376e-7;
    else
    vs=5.6e-6;
    return vs;
}
```

程序六　自定义气相比热

```
DEFINE_SPECIFIC_HEAT(my_user_cp,T,Tref,h,yi)
{
    real cp;
    if (T<=6000.0)
    cp=5.2082e2;
    else if (T<=6300.0)
    cp=-3.14557e6+784.60361*T-0.07597*T*T+3.57832e-6*T*T*T-8.2105e-11*
```

```
T*T*T*T+7.35682e-16*T*T*T*T*T;
    else if (T<=1.4e4)
    cp=-50405.56498+23.48401*T-0.00391*T*T+2.74738e-7*T*T*T-6.68657e-12
*T*T*T*T;
    else if (T<=30000.0)
    cp=-3.27824E6+815.01643*T-0.07872*T*T+3.70094E-6*T*T*T-8.48038E-11
*T*T*T*T+7.59151E-16*T*T*T*T*T;
    else
    cp=6.4464e3;
    return cp;
}
```

程序七　自定义气相热导率

```
DEFINE_PROPERTY(ktc,c,t)
{
    real tc;
    real temp2=C_T(c,t);
    if ( temp2<=300.0)
    tc=1.77e-2;
    else if (temp2<=400.0)
    tc=2.23e-2;
    else if (temp2<=500.0)
    tc=2.65e-2;
    else if (temp2<=600.0)
    tc=3.03e-2;
    else if (temp2<=700.0)
    tc=3.38e-2;
    else if (temp2<=800.0)
    tc=3.70e-2;
    else if (temp2<=900.0)
    tc=4.01e-2;
    else if (temp2<=1000.0)
    tc=4.31e-2;
    else if (temp2<=1.5e4)
    tc=0.1038*exp(temp2/4557.64224)-0.16532;
    else  if (temp2<=30000.0)
    tc=1.36682-3.97531e-5*temp2+5.42035e-9*temp2*temp2;
    else
    tc=5.07;
```

```
    return tc;
}
```

程序八　自定义气相电导率

```
DEFINE_DIFFUSIVITY(UDS_cndcvty0,c,t,i)
{
    real elec;
    real temp4=C_T(c,t);
    if ( temp4<=1500.0)
    elec=1e-6;
    else if (temp4<=3400.0)
    elec=2e-5;
    else if (temp4<=4600)
    elec=-0.0043072+(1179.0/(719.23*sqrt(1.57)))*exp(-2*((temp4-5061.8)/
    719.23)*((temp4-5061.8)/719.23));
    else if (temp4<=21000.0)
    elec=-7561.28558+1.25508*temp4-1.77812e-5*temp4*temp4;
    else if (temp4<=30000.0)
    elec=-61302.23403+9.21582*temp4-3.88865e-4*temp4*temp4+5.3953e-9*temp4
    *temp4*temp4;
    else
    elec=1.1e5;
    returnelec;
}
```

程序九　求解电流密度、感应磁场

```
DEFINE_ADJUST(mhd_adjust,d)
{
    Thread *t;
    cell_t c;
    thread_loop_c(t,d)
    {
        begin_c_loop(c,t)
        {
            C_UDMI(c,t,4)= -C_UDMI(c,t,10) *C_UDSI_G(c,t,0)[0];//Jx=σ*Ex
            C_UDMI(c,t,5)= -C_UDMI(c,t,10) *C_UDSI_G(c,t,0)[1];//Jy=σ*Ey
            C_UDMI(c,t,9)= C_UDSI_G(c,t,1)[0]-C_UDSI_G(c,t,0)[1];//Bz
        }
        end_c_loop(c,t)
```

```
        }
    }
```

程序十　电弧产生的焦耳热

```
    DEFINE_SOURCE(mhd_energy_source,c,t,dS,eqn)
    {
        real source;
        Thread *pri_th, *sec_th;
        pri_th=THREAD_SUB_THREAD(t,0);
        sec_th=THREAD_SUB_THREAD(t,1);
        source=(C_UDSI_G(c,t,0)[0]*C_UDSI_G(c,t,0)[0]+C_UDSI_G(c,t,0)[1]*
C_UDSI_G(c,t,0)[1])*(1*C_VOF(c,pri_th)+7.7e5*C_VOF(c,sec_th));
        dS[eqn]=0;
        return source;
    }
```

程序十一　*X* 方向磁矢位方程源项

```
    DEFINE_SOURCE(magsrc_x,c,t,dS,eqn)
    {
        real source;
        source=-1.257e-6*C_UDMI(c,t,20)*C_UDSI_G(c,t,3)[0]; //uo *Jx
        dS[eqn]=0;
        return source;
    }
```

程序十二　*Y* 方向磁矢位方程源项

```
    DEFINE_SOURCE(magsrc_y,c,t,dS,eqn)
    {
        real source;
        source=-1.257e-6*C_UDMI(c,t,20)*C_UDSI_G(c,t,3)[1]; //uo *Jy
        dS[eqn]=0;
        return source;
    }
```

程序十三　电弧产生的 *X* 方向洛伦兹力

```
    DEFINE_SOURCE(mhd_xmomentum_source,c,t,dS,eqn)//Fx=Bz *Jy
    {
        real source;
        source=(C_UDSI_G(c,t,5)[0]-C_UDSI_G(c,t,4)[1])*C_UDMI(c,t,18);
```

```
        C_UDMI(c,t,15)= source;
        dS[eqn]=0;
        return source;
    }
```

程序十四　电弧产生的 Y 方向洛伦兹力

```
    DEFINE_SOURCE(mhd_ymomentum_source,c,t,dS,eqn)//Fy=-Bz*Jx
    {
        real source;
        source=-(C_UDSI_G(c,t,5)[0]-C_UDSI_G(c,t,4)[1])*C_UDMI(c,t,17);
        C_UDMI(c,t,16)= source;
        dS[eqn]=0;
        return source;
    }
```

程序十五　提取激光深熔点焊时的熔池速度矢量

```
    #include"udf.h"
    DEFINE_ADJUST(store_gradient4,domain)
    {
        Thread *t;
        Thread **pt;
        cell_t c;
        int phase_domain_index=1;
        Domain *pDomain=DOMAIN_SUB_DOMAIN(domain,phase_domain_index);
        mp_thread_loop_c (t,domain,pt)
        if (FLUID_THREAD_P(t))
        {
            Thread *ppt=pt[phase_domain_index];
            begin_c_loop (c,t)
            {
                if (C_VOF(c,ppt)>0.5)
                {
                    C_UDMI(c,t,11)= C_U(c,ppt);
                    C_UDMI(c,t,12)= C_V(c,t);
                }
                else
                {
                    C_UDMI(c,t,11)= 0;
                    C_UDMI(c,t,12)= 0;
```

```
            }
        }
        end_c_loop (c,t)
    }
}
```

程序十六　提取焊接速度为 0.05 m/s 时的熔池速度矢量

```
#include"udf.h"
DEFINE_ADJUST(store_gradient4,domain)
{
    Thread *t;
    Thread **pt;
    cell_t c;
    int phase_domain_index=1;
    Domain *pDomain=DOMAIN_SUB_DOMAIN(domain,phase_domain_index);
    mp_thread_loop_c (t,domain,pt)
    if (FLUID_THREAD_P(t))
    {
        Thread *ppt=pt[phase_domain_index];
        begin_c_loop (c,t)
        {
            if (C_VOF(c,ppt)>0.5)
            {
                C_UDMI(c,t,11)=C_U(c,ppt)-0.05;
                C_UDMI(c,t,12)=C_V(c,t);
                C_UDMI(c,t,13)=C_W(c,t);
            }
            else
            {
                C_UDMI(c,t,11)=0;
                C_UDMI(c,t,12)=0;
                C_UDMI(c,t,13)=0;
            }
        }
        end_c_loop (c,t)
    }
}
```

程序十七　提取焊接速度为 0.1 m/s 时的熔池速度矢量

```
#include"udf.h"
```

```
DEFINE_ADJUST(store_gradient4,domain)
{
    Thread *t;
    Thread **pt;
    cell_t c;
    int phase_domain_index=1;
    Domain *pDomain=DOMAIN_SUB_DOMAIN(domain,phase_domain_index);
    mp_thread_loop_c (t,domain,pt)
    if (FLUID_THREAD_P(t))
    {
        Thread *ppt=pt[phase_domain_index];
        begin_c_loop (c,t)
        {
            if (C_VOF(c,ppt)>0.5)
            {
                C_UDMI(c,t,11)= C_U(c,ppt)-0.1;
                C_UDMI(c,t,12)= C_V(c,t);
                C_UDMI(c,t,13)= C_W(c,t);
            }
            else
            {
                C_UDMI(c,t,11)= 0;
                C_UDMI(c,t,12)= 0;
                C_UDMI(c,t,13)= 0;
            }
        }
        end_c_loop (c,t)
    }
}
```

参考文献

[1]钟宝华.激光焊接技术应用现状及发展趋势[J].现代焊接,2008(69):1-5.

[2]刘金合.高能密度焊[M].西安:西北工业大学出版社,1995.

[3]王滕宁.激光焊接和切割在汽车车身部件制造中的应用[J].焊接技术,2002(31):55-56.

[4]朱海红,唐霞辉,朱国富.激光焊接技术在粉末冶金材料中的应用[J].粉末冶金技术,2000,18(3):117-121.

[5]梅遂生.激光加工在电子工业中的应用[J].激光与红外,1994,24(5):5-8.

[6]殷浩澍.激光焊接在欧洲造船业的应用[J].电焊机,2005,35(1):1-4.

[7]郭泽亮.激光焊接技术在舰船建造中的应用[J].舰船科学技术,2005,27(4):81-84.

[8]JAEGER J C. Moving sources of heat and the temperature at sliding contacts[J]. Proceedings of the Royal Society of New South Wales,1942,76:203-224.

[9]ROSENTHAL D. The theory of moving sources of heat and its application to metal treatments[J]. Transactions of the ASME,1946:849-866.

[10]ANDREWS J G. Mathematical models in Welding[J]. Bulletin of the Institute of Mathematics and Its Applications,1979,15(10):245-253.

[11]SWIFT-HOOK D T,GICK A E F. Penetration welding with lasers[J]. Welding Research Supplement,1973,52:412-499.

[12]CLINE H E,ANTHONY T R. Heat treating and melting materials with a scanning laser or electron beam[J]. Journal of Applied Physics,1977,48(9):3895-3900.

[13]PERETZ R. Workpiece temperature distribution for deep penetration welding with high energy focused beam[J]. Optics and Lasers in Engineering,1986,7(7):69-81.

[14]STEEN W M,DOWDEN J,DAVIS M,et al. A point and line source model of laser keyhole welding[J]. Journal of Physics D:Applied Physics,1988,21:1255-1260.

[15]AKHTER R,DAVIS M,DOWDEN J,et al. A method for calculating the fused zone profile of laser keyhole welds[J]. Journal of Physics D:Applied Physics,1989,21:23-28.

[16]刘建华,李志远.激光深熔焊传热模型的研究[J].激光技术,1995,19(1):10-13.

[17]NOLLER F. The stationary shapes of vapor cavity and molten zone on EB-welding[C]//Proceedings of the 3rd International Colloquium on Welding and Melting by Electrons and Laser Beam. 1983:89-97.

[18]SIMON G,GRATZKE U,KROOS J. Analysis of heat conduction in deep penetration welding with a time-modulated laser beam[J]. Journal of Physics D:Applied Physics,1993,26:862-869.

[19]BERGER P. Physical models on deep penetration welding with emphasis on fluid dynamics[C]//Proceedings of SPIE:Gas Flow and Chemical Lasers. 1992,1810:554-561.

[20]GOLDAK J,CHAKRAVARTI A,BIBBY M. A new finite model for welding heat source[J]. Metallurgical Transactions,1984,15B:299-305.

[21]GOLDAK J,BIBBY M,MOORE J,et al. Computer modeling of heat flow in welds[J]. Metallurgical Transactions,1986,17B:587-600.

[22]吴甦,赵海燕,王煜,等.高能束焊接数值模拟中的新型热源模型[J].焊接学报,2004,25(1):91-94.

[23]杜汉斌,胡伦骥,王东川,等.激光穿透焊温度场及流场的数值模拟[J].焊接学报,2005,26(12):

65-72.

[24] ZHOU J, TSAI H L, LEHNHOFF T F. Investigation of transport phenomena and defect formation in pulsed laser keyhole welding of zinc-coated steels[J]. Journal of Physics D: Applied Physics, 2006, 39(24): 1-10.

[25] ZHOU J, TSAI H L. Effects of electromagnetic force on melt flow and porosity prevention in pulsed laser keyhole welding[J]. International Journal of Heat and Mass Transfer, 2007, 50: 2217-2235.

[26] ZHOU J, TSAI H L. Modeling of transport phenomena in hybrid laser-MIG keyhole welding[J]. International Journal of Heat and Mass Transfer, 2008, 51: 4353-4366.

[27] CHO J H, NA S J. Implementation of real-time multiple reflections Fresnel absorption of laser beam in keyhole[J]. Journal of Physics D: Applied Physics, 2006, 39: 5372-5378.

[28] CHANG W S, NA S J. Prediction of laser spot weld shape by numerical analysis and neural network[J]. Metallurgical and Materials Transactions, 2001, 32B: 723-731.

[29] KLEMENS P G. Heat balance and flow conditions for electron beam and laser beam[J]. Journal of Applied Physics, 1976, 47(5): 2165-2174.

[30] DOWDEN J, POSTACIOGLU N, DAVIS M, et al. A keyhole model in penetration welding with a laser[J]. Journal of Physics D: Applied Physics, 1987, 20: 36-44.

[31] POSTACIOGLU N, KAPADIA P, DAVIS M, et al. Upwelling in the liquid region surrounding the keyhole in penetration welding with a laser[J]. Journal of Physics D: Applied Physics, 1987, 20: 340-345.

[32] SCHUOCKER D. Physical mechanism and modeling of deep-penetration laser welding[M]//Industrial Laser Handbook. 1992: 67-73.

[33] KROOS J, GRATZKE U, SIMON G. Towards a self-consistent model of the keyhole in penetration laser beam welding[J]. Journal of Physics D: Applied Physics, 1993, 26: 474-480.

[34] METZBOWER E A. Keyhole formation[J]. Metallurgical Transactions, 1993, 24B: 875-880.

[35] METZBOWER E A. Temperature in the keyhole[J]. Metallurgical and Materials Transactions, 1995, 26B: 1029-1033.

[36] KAPLAN A. A model of deep penetration laser welding based on calculation of the keyhole profile[J]. Journal of Physics D: Applied Physics, 1994, 27: 1805-1814.

[37] SOLANA P, OCANA J L. A mathematical model for penetration laser welding as a free-boundary problem[J]. J. Phys. D: Appl. Phys., 1997, 30: 1300-1313.

[38] DOWDEN J, KAPADIA P, CLUCAS A, et al. On the relation between fluid dynamic pressure and the formation of pores in laser keyhole welding[J]. J. Laser Applications, 1996, 8: 183-190.

[39] AMARA E H, BENDIB A. Modelling of vapour flow in deep penetration laser welding[J]. J. Phys. D: Appl. Phys., 2002, 35: 272-280.

[40] AMARA E H, BENDIB A. Modeling of the compressible vapor flow induced in a keyhole during laser welding[J]. Journal of Applied Physics, 2003, 93(7): 4289-4296.

[41] SZYMANSKI Z, HOFFMAN J, KURZYNA J, et al. Oscillations of keyhole pressure and plasma radiation during CW CO_2 Laser Welding[C]//Proceedings of SPIE: Laser Technology VI. 2000, 4238: 7-19.

[42] FABBRO R, CHOUF K. Keyhole description in deep penetration laser welding[C]//Proceedings of SPIE: High-Power Lasers Manufacturing. 2000, 3888: 104-112.

[43] FABBRO R, CHOUF K. Keyhole modeling during laser welding[J]. Journal of Applied Physics, 2000, 87(9): 4075-4083.

[44] KI H, MOHANTY P S, MAZUMDER J. Modeling of laser keyhole welding: part Ⅰ. Mathematical modeling, numerical methodology, role of recoil pressure, multiple reflections, and free-surface evolution[J]. Metallurgical and Materials Transactions, 2002, 33A: 1817-1830.

[45] KI H, MOHANTY P S, MAZUMDER J. Simulation of keyhole evolution, velocity, temperature profile, and experimental verification[J]. Metallurgical and Materials Transactions, 2002, 33A: 1831-1842.

[46] DAVIS M, KAPADIA P, DOWDEN J. Solution of a Stefan problem in the theory of laser welding by the method of lines[J]. J. Computational Phys., 1985, 60: 534-548.

[47] POSTACIOGLU N, KAPADIA P, DOWDEN J. A theoretical model of thermocapillary flows in laser welding[J]. J. Phys. D: Appl. Phys., 1991, 24: 15-20.

[48] LAMBRAKOS S G, METZBOWER E A, MOORE P G, et al. A numerical model for deep penetration laser welding[C]//Proceedings of ICALEO. 1991: 40-52.

[49] KAR A, MAZUMDER J. Mathematical modelling of key-hole laser welding[J]. J. Appl. Phys., 1995, 78(11): 6353-6360.

[50] SEMAK V, MATSUNAWA A. The role of recoil pressure in energy balance during laser materials[J]. J. Phys. D: Appl. Phys., 1997, 30: 2541-2552.

[51] MATSUNAWA A, SEMAK V. The simulation of front keyhole wall dynamics during laser welding[J]. J. Phys. D: Appl. Phys., 1997, 30: 798-809.

[52] SEMAK V V, HOPKINS J A, MCCAY M H, et al. Melt pool dynamics during laser welding[J]. J. Phys. D: Appl. Phys., 1995, 28: 2443-2450.

[53] TSAI M C, KOU S. Weld pool convection and expansion due to density variations[J]. Numerical Heat Transfer, 1990, 17A: 73-89.

[54] CHAN C L, MAZUMDER J, CHEN M M. Effect of surface tension gradient driven convection in a laser melt pool: Three-dimensional perturbation model[J]. J. Appl. Phys., 1988, 64(11): 6166-6174.

[55] BABU V, KORPELA S A, RAMANAN N. Flow and temperature fields in a weld pool formed by a moving laser[J]. J. Appl. Phys., 1990, 67(9): 3990-3998.

[56] LAMPA C, KAPLAN A F H, POWELL J, et al. An analytical thermodynamic model of laser welding[J]. J. Phys. D: Appl. Phys., 1997, 30: 1293-1299.

[57] KOU S, WANG Y H. Three-dimensional convection in laser melted pool[J]. Metallurgical Transactions A, 1986, 17A: 2265-2270.

[58] MAZUMDER J. An overview of melt dynamics in laser processing[C]//Proc. of SPIE, High Power Lasers. 1987, 801: 228-241.

[59] MAZUMDER J. Overview of melt dynamics in laser processing[J]. Optical Engineering, 1991, 30(8): 1208-1219.

[60] BERGER P. Physical models on deep penetration welding with emphasis on fluid dynamics[C]//SPIE, Gas Flow and Chemical Lasers. 1992, 1810: 554-561.

[61] PATANKAR S V. 传热与流体流动数值计算[M]. 张政,译. 北京:计算科学家出版社,1989:12-16.

[62] 陶文铨. 数值传热学[M]. 2版. 西安:西安交通大学出版社,2001:5-6.

[63] GARETH A, MICHAEL H, NADIA S, et al. Finite volume methods applied to computational modeling of welding phenomena[C]//Second International Conference on CFD in the Minerals and Process Industries. Melbourne, Australia: CSIRO, 1999: 6-8.

[64] PERICLEOUS K, BAILEY C. Study of Marangoni phenomena in laser melted pools[C]//Modeling of Casting, Welding and Advanced Solidification Processes - VII. 1995: 91-100.

[65] POUEYO A, DABEZIES B, FABBRO R. Thermal coupling inside the keyhole during welding process[J]. SPIE, 1994, 2207: 175-184.

[66] KI H, MOHANTY P S, MAZUMDER J. Multiple reflection and its influence on keyhole evolution[J]. Journal of Laser Applications, 2002, 14(1): 39-45.

[67]ZHAO H,DEBROY T. Macroporosity free aluminum alloy weldments through numerical simulation of keyhole mode laser welding[J]. Journal of Applied Physics,2003,93(12):10089-10096.

[68]HIRT C W,NICHOLS B D. Volume of fluid (VOF) method for the dynamics of free boundaries[J]. Journal of Computational Physics,1981,39(2):201-225.

[69]DULEY W W. Laser welding[M]. New York:John Wiley & Sons Inc,1999:32-33.

[70]JIN X,LI L,ZHANG Y. A study on Fresnel absorption and reflections in the keyhole in deep penetration laser welding[J]. Journal of Physics D:Appl. Phys. ,2002,35:2304-2310.

[71]WANG Y,TSAI H L. Impingement of filler droplets and weld pool dynamics during gas metal arc welding process[J]. International Journal of Heat and Mass Transfer,2001,44:2067-2080.

[72]SAHOO P,DEBROY T,MCNALLAN M J. Surface tension of binary metal-surface active solute systems under conditions relevant to welding metallurgy[J]. Metallurgical Transactions B,1988,19:483-491.

[73]CHOO R T C,SZEKELY J,DAVID S A. On the calculation of the free surface temperature of gas-tungsten-arc weld pools from first principles:Modeling the weld pool and comparison with experiments[J]. Metallurgical Transactions B,1992,23:371-384.

[74]黄克智,薛明德,陆明万. 张量分析[M]. 北京:清华大学出版社,2003:20-22.

[75]PATANKAR S V, SPALDING D B. A calculation procedure for heat, mass and momentum transfer in three dimensional parabolic flows[J]. International Journal of Heat and Mass Transfer,1972,15:1787-1806.

[76]HARLOW F H. Pic and its progeny[J]. Computer Physics Communications,1987,48:1-10.

[77]LEBAIQUE E,JAMET D,Duquennoy C. Review of existing methods for direct numerical simulation of liquid-vapor two-phase flows [C]//Proceedings of the 6th International Conference on Nuclear Engineering. San Diego,1998:10-14.

[78]CUSHMAN-ROISIN B,ESENKOV O E,MATHIAS B J. A particle-in-cell method for the solution of two-layer shallow-water equations[J]. International Journal for Numerical Methods in Fluids,2002,32:515-543.

[79]HARLOW F H,WELCH J E. Numerical calculation of time-dependent viscous incompressible flow of fluid with free surface[J]. Physics of Fluids,1965,8:2182-2189.

[80]DALY D J. Numerical study of two fluid Rayleigh-Taylor instability[J]. Physics of Fluids,1969,10:297-307.

[81] OSHER S. Fronts propagating with curvature dependent speed: Algorithms based on Hamilton-Jacobi formulations[J]. Journal of Computational Physics,1988,79:12-49.

[82]OSHER S,Fedkiw R P. Level Set Methods:An Overview and Some Recent Results[J]. Journal of Computational Physics,2001,21(1):61-73.

[83]王福军. 计算流体力学分析:CFD 软件原理与应用[M]. 北京:清华大学出版社,2004:15-20.

[84]Youngs D L. Numerical methods for fluid dynamics[M]. New York:Springer,1982:354-364.

[85]SOLANA P,NEGRO G. A Study of the Effect of Multiple Reflections on the Shape of the Keyhole in the Laser Processing of Material[J]. Journal of Physics D:Applied Physics,1997,30:3216-3222.

[86]METZBOWER E A. Absorption in the keyhole[C]//Proceedings of ICALEO. San Diego,1997:16-25.

[87]MIZUTANI M, KATAYAMA S. Keyhole behavior and pressure distribution during laser irradiation on molten metal[C]//ICALEO. 2003,Section A:149-167.

[88]KATAYAMA S,SETO N,KIM J,Matsunawa A. Formation mechanism and suppression procedure of porosity in high power laser welding of aluminum alloys[C]//ICALEO. 1998,Section C:24-33.

[89]SETO N, KATAYAMA S, MATSUNAWA A. A high-speed simultaneous observation of plasma and keyhole behavior during high power CO_2 laser welding[C]//ICALEO. 1999,Section E:19-27.

[90]MATSUNAWA A,KATAYAMA S, KIM J, Seto N. Dynamics of keyhole and molten pool in high power laser welding[J]. *Journal of Laser Applications*,1998,10(6):247-254.

[91] SETO N, MATSUNAWA A, KATAYAMA S, KIM J. High-speed simultaneous observation of plasma and keyhole behavior during high power CO_2 laser welding: Effect of shielding gas on porosity formation[J]. Journal of Laser Applications, 1998, 12(6): 245-250.

[92] SETO N, KATAYAMA S, Mizutani M, Matsunawa A. Formation mechanism of porosity in high power YAG laser welding[C]//ICALEO. 2000, Section A: 16-25.

[93] STEEN W M. Arc augmented laser processing of materials[J]. Applied Physics, 1980, 51(11): 5636-5641.

[94] STEEN W M, EBOO M. Arc augmented laser welding[J]. Metal Construction, 1979, 11(6): 32-35.

[95] BEYER E, DITYEY U, Immhoff R, et al. New aspects in laser welding with an increased efficiency[C]// Proceedings of ICALEO. Orlando, Florida, USA, 1994: 417-424.

[96] MATSUDA J, USTUMI A, KATSUMURA M. TIG or MIG arc augmented laser welding of thick mild steel plate[J]. Joining & Materials, 1988, 1(1): 31-34.

[97] WALZ C, SEEFELD T, SEPOLD G. Seam geometry and process stability during laser-MIG welding[J]. *LaserOpto*, 2002, 33(2): 64-67.

[98] KAIERLE S, BONGARD K, DAHRMEN M. Innovative hybrid welding process in an industrial application [C]//ICALEO. Detroit, Michigan USA, 2000: 91-98.

[99] MAGEE K, MERCHANT V E, HYATT C V. Laser-assisted gas metal arc weld characteristics[J]. Laser Materials Processing, 1991, 71: 382-399.

[100] TISHIDE N, NAYAMA M. Coaxial TIG-YAG & MIG-YAG welding methods[J]. Welding International, 2001, 15(12): 940-945.

[101] NAGATA S, KATSUMMURA M, MATSUDA J, et al. Laser welding combined with TIG or MIG[R]. IIW-Doc. IV, 1985: 385-390.

[102] KONG F, MA J, KOVACEVIC R. Numerical and experimental study of thermally induced residual stress in the hybrid laser-GMA welding process[J]. Journal of Materials Processing Technology, 2011, 211(6): 1102-1111.

[103] GUEN E L, CARIN M, FABBRO R, et al. 3D heat transfer model of hybrid laser Nd: YAG-MAG welding of S355 steel and experimental validation[J]. International Journal of Heat and Mass Transfer, 2011, 54: 1313-1322.

[104] CHO Y T, CHO W I, NA S J. Numerical analysis of hybrid plasma generated by Nd: YAG laser and gas tungsten arc[J]. Optics & Laser Technology, 2011, 43: 711-720.

[105] GAO Z, WU Y, HUANG J. Analysis of weld pool dynamics during stationary laser-MIG hybrid welding[J]. The International Journal of Advanced Manufacturing Technology, 2009, 44: 870-879.

[106] ZHOU J, TSAI H L, WANG P C, et al. Modeling of hybrid laser-MIG keyhole welding process[C]//ICALEO. Jacksonville, Florida, USA: IIW, 2003: 135-141.

[107] ZHOU J, ZHANG W H, TSAI H L, et al. Modeling the transport phenomena during hybrid laser-MIG welding process[C]//Proceedings of IMECE. Washington D. C., USA: ASME, 2003: 161-168.

[108] 胥国祥,武传松,秦国梁,等. 激光+GMAW 复合热源焊焊缝成形的数值模拟:电弧脉冲作用的处理与热源模型的改进[J]. 金属学报,2009,45(1):107-112.

[109] 胥国祥,武传松,秦国梁,等. 激光+GMAW 复合热源焊焊缝成形的数值模拟:表征激光作用的体积热源分布模式[J]. 金属学报,2008,44(4):478-482.

[110] 姜幼卿,辜磊,刘建华. 厚板铝合金 YAG-MIG 复合焊接温度场数值模拟[J]. 焊接学报,2006,27(6):104-107.

[111] REUTZEL E W, KELLY S M, MARTUKANITZ R P. Laser-GMA hybrid welding: Process Monitoring and thermal modeling[C]//The 7th International Trends in Welding Research Conference. Pine Mountain, GA:

ASM International, 2005: 157-160.

[112] 刘达樊. CO_2 激光-MIG 复合热源焊接熔滴过渡的行为分析[D]. 哈尔滨: 哈尔滨工业大学, 2006: 130-135.

[113] HU J, TSAI H L. Heat and mass transfer in gas metal arc welding. Part 1: The arc[J]. *International Journal of Heat and Mass Transfer*, 2007, 50: 833-846.

[114] LANCASTER J F. The physics of welding[M]. 2nd ed. Oxford: Pergamon Press, 1986: 10-12.